AI時代，設計力的剩餘價值

對象×流行，
人工智慧略

薛志榮

071 2930 129

0910711

目錄

目錄

目錄

序言一

在 1990 年代早期，中國設計界開始廣泛將電腦應用於設計工作中，特別在桌面出版（desktop publishing, DTP）領域，為設計師帶來了新型的排版和輸出方式。一方面，功能強大的軟體讓設計師擔心被取代；另外一方面，隨著電腦藝術設計軟體的廣泛運用，同質化的作品也開始出現，因而引發設計師的警覺與爭議。當前再回顧這段歷史，雖然仍有部分工作被取代，但是設計師獲取了更加便利和自由的工具和助手，以往的擔憂並沒有成為現實。

當前，人工智慧快速發展，人們再次擔心專業被取代的問題。哪怕是以人為本、帶來美感和靈感創作的設計領域都岌岌可危。各大企業紛紛制定出人工智慧領先的發展策略，主流的人工智慧平臺也借助開源的模式打造生態圈，同時支持更多領域的新創企業（startup company）和創新應用。設計作為科技、人文與商業交叉領域的學科，正受到人工智慧再次興起的影響。2017 年阿里智慧設計實驗室推出「鹿班」系統，「雙11」期間設計出 4 億張橫幅廣告（banner），這對設計師確實帶來不小的衝擊。在這樣的環境下，我們該如何提升自己的能力？人工智慧會取代設計師還是成為更強大的設計輔助工具？

人工智慧已逐步演變成創新的基礎設施，也將成為設計師的助理和夥伴，一部分重複性的勞動以及海量的資料分析工

序言一

作都可以由人工智慧協助，設計師可以有更多的精力著重於評價、判斷和選擇，由此使自己更具個性化的創造力、應對複雜問題辨識機會的能力、批判性思維能力，以上將成為設計師著力發展的核心。Dell 公司 EMC 服務的技術長比爾·施馬佐（Bill Schmarzo）結合機器學習（machine learning），提出了分析（analyze）、合成（synthesize）、設想（ideate）、調優（tuning）、驗證（validate）的設計步驟，這與 IDEO 提出的設計思維有很大的契合點。以上過程中都需要對利益相關者、學習的事物進行分析，了解使用者的需求，對目標進行定義和計劃，為創建的問題提出一定數量的願景方案，再根據設想設計原型或調整模型，最後對產品進行評測和驗證。這也為人工智慧時代的設計發展提供了程式與方法上的支持。

對設計而言，人工智慧將是一種新的思考方式，也是一種新的執行方法。在產品策略方面，需要探索適合的應用場景，以需求為導向；在產品執行方面，要有技術執行能力，也需要獲取高品質的資料。這些都要求設計師具有對趨勢的掌握能力、對使用者體驗的塑造能力，以及跨學科的綜合執行能力。未來，對設計和設計師自身的研究，將成為設計與人工智慧結合的基礎，有多少對設計的深刻理解，也就有多少設計的智慧。

本書以設計師的語言，探索了人工智慧發展的歷史，並對人工智慧時代設計對象、設計流程、設計應用及設計師的能力

塑造，提供了全方位的解析和描述。對於設計師來說，這是一個非常好的學習和理解人工智慧與相關設計知識旅程的起點。人工智慧作為設計工具和夥伴，能為設計師帶來更多的設計發揮空間和創新思想。也期待本書能夠引領更多設計師參與提升人工智慧的水準，為設計未來的發展提供更有創建性的解決方案。

付志勇

清華大學美術學院副教授

序言一

序言二

「AI 時代的設計師生存手冊」？

這話其實說得不完全對，因為在 AI 時代中要考慮生存問題的，不只是設計師，而是各行各業的每個人！這是每個人都不得不面對的危險與機會。世界各地都有研究者對於人工智慧取代人類工作做出了預測，即便是最樂觀的結果，也是在接下來幾十年內會有一半以上的人類工作被人工智慧取代。最容易被取代的，是那些規則性強、易於做判斷的工作。例如，美國在網際網路和人工智慧的連續衝擊下，股票交易員事實上已經成為消失的職業。而最難被取代的三類職業，則是跨領域綜合決策類（例如 CEO）、創造力類（例如設計師，但是各行各業都可以做到以創造力去解決問題）、情感與服務類（例如保姆）。

設計師位列最難被取代的三類職業之一，但千萬別覺得可以高枕無憂。

一方面，今天市場上存在大量的設計師，因為種種原因，事實上在做著規則性非常強、創造力水準非常低的工作，所以「鹿班」不僅在設計數量上，哪怕在設計品質上都能勝過很多「設計師」。這樣的「設計師」顯然是會被取代的。

另一方面，人工智慧應用將會帶來設計基礎、設計對象、設計方法上的全面衝擊，例如產品不一定有視覺化的介面，可能會讓視覺設計師感到無所適從；人工智慧產品對於軟硬

序言二

體的共同依賴，可能會讓習慣了做軟體設計或硬體設計的設計師面臨巨大挑戰；人工智慧透過充分使用資料而使產品真正意義上做到千人千面，對於設計方法和流程更是提出了革新的要求……

設計面臨重大挑戰，設計師面臨重大挑戰；即便你不是設計師，也將在創造力上面臨重大挑戰。所幸，每一波技術進步，都首先要經歷技術成長期，進入到技術成熟期以後，競爭的焦點才會向產品設計轉移，設計才會真正站在這一波技術的浪潮之巔。網際網路從技術開始廣泛應用，到產品設計成為競爭的焦點，經歷了差不多十年的時間（大約是 1995 —— 2005 年）；這一波人工智慧技術的發展很可能比網際網路當年更快。這也意味著，還有留給設計師準備的時間，但也不多了。

最後，我們現在說的可能都是錯的 —— 在高速發展的技術面前，沒有人能用過去的經驗準確預知一切。所以每個人都需要更認真地發現自己內心的追求，更努力地為將來做準備，更坦然地面對可能發生的變化。

吳卓浩
創新工場人工智慧工程院副總裁

前言

　　小時候最喜歡做的事情就是每週末晚上 9 點半搬個小凳子坐在電視前看香港明珠臺的電影節目，《關鍵報告》（*Minority Report*）、《駭客任務》（*The Matrix*）、《鋼鐵人》（*Iron Man*）、《第九禁區》（*District 9*）、《機械公敵》（*I, Robot*）、《光速戰記》（*Tron: Legacy*）等科幻片一直是我最喜歡看的電影。我堅信終有一天我們的生活會變成像科幻片裡的一樣：隨時隨地隨手在空氣中喚醒一個電腦介面，然後想幹嘛就幹嘛。有人說過，每一個科幻小說作家都是一位預言家，只是大家不知道他的願景幾時會發生。既然已經有了預言，那何不自己嘗試去實現它呢？科幻片裡各種酷炫的特效，在我幼小的心靈裡種下一粒做設計師的種子。

　　如果問未來 5 年的設計是什麼樣的，我們可以先了解一下前 10 年網際網路的發展史。先回顧 2008 年：中國網友規模達到 2.9 億人，普及率達到 21%。當時 Intel 發布了 Core i7 處理器第一代架構 Nehalem、英偉達（NVIDIA）發布了 GTX 200 系列顯示卡。電腦的主要用途是打遊戲、執行各種工作軟體和上網。當時的網際網路已經進入 Web 2.0 時代，主要領域有社群（QQ、Facebook、部落格、論壇、貼吧）、影片（YouTube、土豆、優酷）、音樂（酷狗）、入口網站（新浪、搜狐）和 OTA（over-the-air programming，空中程式設計）（攜程、去哪

前言

兒）。使用者的行動設備以功能型手機為主，當時的 2G 網路網速平均為 15 KB/s。蘋果（Apple）發布了 iPhone 3G 和行動應用商店 App Store；Google 發布了 Android 1.0，智慧手機設備處於起步階段，主要功能和功能型手機（feature phone）沒有太大差異，都是低像素拍照、QQ 聊天和用瀏覽器上 Wap。

再看看 2013 年：中國網友規模達到 5.91 億人，普及率為 44.1%；手機網友規模達到 4.64 億人，使用手機上網的人數占總網友人數比例的 78.5%，桌上型電腦（desktop computer）上網的網友比例為 69.5%，比例持續下降。Intel 發布了 Core i7 處理器第四代架構 Haswell，性能比第一代提升 27%；英偉達發布的顯示卡 GTX 700 系列性能比 5 年前的 GTX 200 系列提升 5 倍以上。電腦的主要用途還是打遊戲、執行各種工作軟體和上網。網際網路新增了團購、網路硬碟、雲端運算（cloud computing）等行業。在行動網路方面，網路升級為 3G 網路，平均網速為 120 KB/s。蘋果發布了帶有指紋辨識的 iPhone 5s，性能比 iPhone 3G 提升 50 倍；同年 Google 發布了 Android 最重要的版本 4.4，此時 Android 已經有 9 億部裝置啟動、480 億個 App 安裝。整個世界的行動網路以爆發式的速度發展，每家大公司除了把 PC 主要經營業務遷移至行動端，還新增了團購、O2O（online to offline，線上到線下）、陌生人聊天等新概念，各種工具型 App 和以 LBS（location based

14

service，基於位置的服務）為核心的衣食住行業務在不斷快速
發展。

2008 —— 2013 年網際網路發生質變的主要原因有以下
幾點：

1. 基礎設備的性能提升，包括網路速度、行動設備性能的大
   幅度提升；伺服器（server）透過雲端運算的方式大幅度增
   強運算能力。
2. 行動設備比 PC 設備更便宜以及方便攜帶。
3. 人機互動（human-computer interaction, HCI）更為簡
   單，從操控滑鼠變成直接觸控螢幕操控目標。
4. 以使用者為中心的 LBS 概念得到廣泛應用。

而到 2018 年，中國網友規模達到 8.02 億人，普及率為
55.7%；手機網友規模達到 7.88 億，使用手機上網的人數占總
網友人數比例的 98.3%，桌上型電腦上網的網友比例依然持續
下降。Intel 發布了 Core i7 處理器第八代架構 Coffee Lake，
性能比第四代提高 30% 左右；英偉達顯示卡 RTX 2000 系列的
性能將比 GTX 700 系列提升 10 倍以上，電腦的主要用途除了
打遊戲、執行各種工作軟體和上網，還新增了 VR 遊戲。在行
動網路方面，網路升級為 4G 網路，平均網速為 1 MB/s。蘋果
發布的 iPhone XS 性能是 iPhone 5s 的 12 倍。相較 2013 年，
行動網路新增了行動支付、共享經濟等概念；手機拍攝時自動

前言

美顏成為主流，影片成為最熱門的傳播媒介；各種人工智慧助手不斷地被提出；各種行動 AR 和 VR 產品也在逐漸發展中；越來越多的 IoT 設備例如智慧音箱湧入市場；自動駕駛技術正在測試階段；各種公共服務開始網際網路化……

2013 —— 2018 年網際網路發生質變的主要原因有以下幾點：

1. 基礎設備的性能再次提升，包括網路速度、行動設備性能的大幅度提升。

2. 各種機器學習算法的提出以及顯示卡（graphics processing unit, GPU）性能的大幅度提升促使平行計算（parallel computing）的運算能力和效率大大提高，雲端運算、自動駕駛、電腦視覺（computer vision）、自然語言處理（natural language processing, NLP）、知識圖譜（knowledge graph）等技術得以快速發展。

3. 在深度學習（deep learning）的幫助下，大數據終於有用武之處。

4. 百家爭鳴的情況下企業很難找到商業模式的突破點，行動網路已經成為紅海，促使資金流向 IoT、自動駕駛汽車等領域。

5. 大幅度的性能提升促使手機成為最好的邊緣運算（edge computing）設備。愛美之心人皆有之，這也促使了人工智慧技術與拍照、影片領域結合，電腦視覺技術得以

廣泛應用；語言是最自然的互動方法之一，網路攝影機（webcam）和麥克風成為 AI 的最重要入口。

6. 軟硬體技術的提升以及成本的降低促使 IoT 重新回到資本家的視野，更多的電子設備逐漸融入人類的生活。

7. VR、AR 終於突破電腦視覺和電腦圖學（computer graphics, CG）的瓶頸。

2008 —— 2018 年這 10 年，我們使用的電腦設備逐漸從桌上型電腦縮小至筆記型電腦，再縮小至可方便攜帶的行動設備，我們的生活也因此發生巨大的改變：多名使用者使用一臺電腦設備，逐漸發展為一名使用者擁有多臺電腦設備，每一支手機基本預設為一個已確認身分的使用者服務，全部的產品功能都可以圍繞一個人而發生變化。因此，能否滿足使用者需求成為設計的關鍵。而商業發展的背後，更多是技術的發展和成熟，主要包括網路速度、算法、運算能力和資料四個方面。未來 5 年內，中國的通信網路將升級為 5G 網路，它比 4G 網路的速度快 10 倍；各種神經網路算法使得電腦從「看清」、「聽清」逐漸發展至「看懂」和「聽懂」；至於運算能力方面，AI 晶片和量子運算（quantum computing）成為每家公司甚至是每個大國的主要競爭領域，未來每臺設備都很有可能擁有 AI 運算能力。使用者的資料分析得益於以上三點，將變得更精準和更高效率。

前言

　　商業和使用者需求往往因為技術的變革會有新的變化：商業從圍繞使用者群體制定推薦策略，改為圍繞每一名使用者的生活和經歷制定不一樣的精準推薦；每一位使用者都希望自己的生活變得更加便利和有趣。設計是使用者、商業和技術閉環中連接使用者與商業的橋梁，未來 5 年設計是什麼樣的？這將是我們設計師需要一起探索的話題。

　　當今時代發展迅速，尤其是 2015 年之後，感覺每一年都是一個新領域的元年，每一個新領域的崛起意味著又有新的設計技能需要學習，而自己一不留神就可能被新的技術和新的設計淘汰，我相信很多設計師都有這樣的看法。我們如何去應對這個日新月異的時代？我們是否會被人工智慧取代？我們要如何在人工智慧時代下成為更好的設計師？這正是我寫這本書的目的。希望透過這本書，能為大家深入淺出地講解現在的人工智慧是什麼，尤其是為沒有開發經驗的設計師講解清楚人工智慧的歷史背景和現有技術；再結合一些人工智慧和設計的案例，讓大家清楚現在和未來我們能做什麼、怎麼做；最後透過對一些跨界設計師的採訪，希望能給大家帶來一些啟發。

　　人工智慧時代已經來臨，你還在等什麼？

作者　薛志榮

第 1 章

人工智慧的定義與人機互動的發展

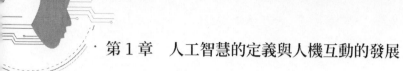

1.1　人工智慧的發展歷程

說起人工智慧（artificial intelligence, AI），不得不提及人工智慧的歷史。人工智慧的概念主要由艾倫·圖靈（Alan Turing）[01] 提出：機器會思考嗎？如果一臺機器能夠與人類對話而不被辨別出其機器的身分，那麼這臺機器具有智慧的特徵。同年，艾倫·圖靈還預言存在一定的可能性可以創造出具有真正智慧的機器。

1.1.1　AI誕生

1956 年 8 月，在達特茅斯學院舉行的一次會議上，來自不同領域（數學、心理學、工程學、經濟學和政治學）的科學家一起討論如何利用機器來模仿人類學習以及其他方面的智慧。會議足足開了兩個月的時間，雖然大家沒有達成普遍的共識，但是卻為會議討論的內容取了一個名字：「人工智慧」，並正式把人工智慧確立為研究學科。因此，1956 年成了人工智慧的元年。

01　艾倫·圖靈（1912.6.23 —— 1954.6.7），曾協助英國軍隊破解了德國的著名密碼系統 Enigma，幫助盟軍取得了第二次世界大戰的勝利。因提出一種用於判定機器是否具有智慧的試驗方法，即圖靈試驗，被後人稱為電腦之父和人工智慧之父。

2006年達特茅斯會議當事人重聚，左起：特倫查德‧摩爾（Trenchard More）、約翰‧麥卡錫（John McCarthy）[02]、馬文‧明斯基（Marvin Minsky）[03]、奧利弗‧塞爾弗里奇（Oliver Selfridge）、雷‧索洛莫洛夫（Ray Solomonoff）

---

02 約翰‧麥卡錫（1927.9.4 ── 2011.10.24），達特茅斯會議主要發起人。1956年，麥卡錫發明了LISP程式設計語言，該語言至今仍在人工智慧領域廣泛使用；1958年，麥卡錫與明斯基一起組建了世界上第一個人工智慧實驗室；由於在人工智慧領域的傑出貢獻，麥卡錫在1971年獲得「電腦界的諾貝爾獎」── 圖靈獎。

03 馬文‧明斯基（1927.8.9 ── 2016.1.24），達特茅斯會議主要發起人。由於他的研究引領了人工智慧、認知心理學、神經網路等領域的發展潮流，並在圖像處理領域、符號運算、知識表示、記算語義學、機器感知和符號連接學習領域做出了許多貢獻，1969年，明斯基被授予圖靈獎，這是第一位獲此殊榮的人工智慧學者。

1.1.2　第一次發展高潮（1955 —— 1974年）

達特茅斯會議之後是大發現的時代。對很多人來講，這一階段開發出來的程式堪稱神奇：電腦可以解決代數應用題、證明幾何定理、學習和使用英語。在眾多研究當中，搜索式推理、自然語言、微世界[04] 在當時最具影響力。

大量成功的 AI 程式和新的研究方向不斷湧現，研究學者認為具有完全智慧的機器將在 20 年內出現並提出了如下預言：

1958 年，赫伯特·西蒙（H.A Simon）和艾倫·紐厄爾（Allen Newell）認為：「10 年之內，數位電腦（digital computer）將成為西洋棋世界冠軍；數位電腦將發現並證明一個重要的數學定理。」

1965 年，赫伯特·西蒙認為：「20 年內，機器將能完成人能做到的一切工作。」

1967 年，馬文·明斯基認為：「在一代人的時間裡，各種創造『人工智慧』的問題將獲得實質上的解決。」

1970 年，馬文·明斯基認為：「在 3 ～ 8 年的時間裡我們將得到一臺具有人類平均智慧的機器。」

美國政府向這一新興領域投入了大筆資金，每年將數百萬美元投入到麻省理工學院、卡內基梅隆大學、愛丁堡大學和史丹福大學四個研究機構，並允許研究學者去研究任何感興趣的方向。

04　1960 年代後期，馬文·明斯和西摩爾·派普特（Seymour Papert）建議 AI 研究者們專注於被稱為「微世界」的簡單場景。他們指出在成熟的學科中，往往使用簡化模型更能幫助理解基本原則，例如物理學中的光滑平面和完美剛體。

當時主要成就如下：

· 人工神經網路在 1930 —— 1950 年代被提出，1951 年馬文·明斯基製造出第一臺神經網路機。

· 理查·貝爾曼 (Richard Bellman) 提出了貝爾曼方程〔也被稱為動態規劃方程 (dynamic programming equation)，被認為是強化學習的雛形〕。

· 法蘭克·羅森布拉特 (Frank Rosenblatt) 提出了感知器模型 (深度學習的雛形)。

· 人工智慧研究人員先後提出了搜索式推理、自然語言處理、微世界等人工智慧概念。

· 人工智慧研究人員首次提出：人工智慧擁有模仿智慧的特徵，懂得使用語言、懂得形成抽象概念並解決人類現存問題。

· 亞瑟·塞繆爾 (Arthur Samuel) 在 1950 年代中期和 1960 年代初期開發了西洋棋程式，程式的棋力已經可以挑戰具有相當水準的業餘愛好者。

· 查理·羅森 (Charlie Rosen) 打造了全球首款具備行動能力的智慧機器人 Shakey，它可以感知周圍環境並創建路線規劃；可以根據明晰的事實來推斷隱藏的含義；能夠透過普通英語進行溝通。該機器人計畫受到政府和研究人員的大力宣傳，人們將其視作世界上第一臺通用機器人。

1.1.3　第一次寒冬（1974 —— 1980年）

　　1970 年代初，人工智慧的研究首次遭遇到瓶頸。研究學者逐漸發現，雖然機器擁有了簡單的邏輯推理能力，但遭遇到當時無法克服的基礎性障礙，人工智慧停留在「玩具」階段止步不前，遠遠達不到曾經預言的完全智慧。詹姆斯·萊特希爾（James Lighthill）在 1973 年提出的報告中對目前人工智慧基礎研究進行了評判，認為當前的自動機和中央神經系統研究雖然有價值但進展令人失望，並認為機器人研究沒有太大價值，建議取消對機器人的研究。由於此前的過於樂觀使得人們期待過高，當人工智慧研究人員的承諾無法兌現時，公眾開始激烈批評相關研究人員，許多機構不斷減少對人工智慧研究的資助，直至停止撥款。

　　當時主要問題如下：

· 電腦運算能力遭遇瓶頸，無法解決指數型爆炸的複雜運算問題。
· 常識和推理需要大量對世界的認識資訊，電腦達不到「看懂」和「聽懂」的地步。
· 電腦無法解決莫拉維克悖論（Moravec's paradox）[05]。
· 電腦無法解決部分涉及自動規劃的邏輯問題。
· 神經網路研究學者遭遇冷落。

05　莫拉維克悖論：如果機器能像數學天才一樣下象棋，那麼它能模仿嬰兒學習又有多難呢？事實證明這是相當難的。

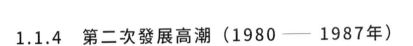

1.1.4 第二次發展高潮（1980 —— 1987年）

　　1980 年代初，一類名為「專家系統」（expert system）[06] 的 AI 程式開始被全世界的公司所採納，人工智慧研究面臨了新一輪高潮。在這期間，卡內基梅隆大學為 DEC 公司設計的 XCON 專家系統能夠每年為 DEC 公司節省數千萬美元。日本經濟產業省撥款 8 億 5,000 萬美元支持第五代電腦計畫，其目標是造出能夠與人對話、翻譯語言、解釋圖像、能夠像人一樣推理的機器。其他國家也紛紛做出了響應，並對 AI 和資訊技術的大規模計畫提供了巨額資助。

　　當時主要成就如下：

- · 專家系統的誕生。
- · 人工智慧研究人員發現智慧可能需要建立在對分門別類的大量知識的多種處理方法之上。
- · 由傑佛瑞·辛頓（Geoffrey Hinton）[07] 等研究人員提出的反向傳播算法（backpropagation, BP）實現了神經網路訓練的突破，神經網路研究學者重新受到關注。

06　專家系統：一種程式，能夠依據一組從專門知識中推演出的邏輯規則在某一特定領域回答或解決問題。由於專家系統僅限於一個很小的領域，因而避免了常識問題。「知識處理」隨之也成了主流 AI 研究的焦點。

07　傑佛瑞·辛頓是反向傳播算法和對比散度算法的發明人之一，也是深度學習的積極推動者，被業界稱為「深度學習」之父和 AI 教父，2013 年加入 Google 從事 AI 研究。

- 人工智慧研究人員首次提出：機器為了獲得真正的智慧，機器必須具有軀體，它需要有感知、行動、生存，與這個世界互動的能力。感知運動技能對於常識推理等高層次技能是至關重要的，基於對事物的推理能力比抽象能力更為重要，這也促進了未來自然語言、機器視覺 (machine vision, MV) 的發展。

1.1.5　第二次寒冬（1987 —— 1993年）

1987 年，AI 硬體的市場需求突然減少。科學家發現，專家系統雖然很有用，但它的應用領域過於狹窄，而且更新疊代和維護成本非常高。同期美國 Apple 和 IBM 生產的桌上型電腦性能不斷提升，個人電腦的理念不斷蔓延；日本人設定的「第五代工程」最終也沒能實現。人工智慧研究再次遭遇了財政困難，一夜之間這個價值五億美元的產業土崩瓦解。

當時主要問題如下：

- 大型電腦受到桌上型電腦和個人電腦理念的衝擊影響。
- 商業機構對人工智慧的追捧逐漸冷落，使人工智慧再次化為泡沫並破裂。
- 電腦性能瓶頸仍然無法突破。
- 人工智慧研究人員仍然缺乏海量資料訓練機器。

1.1.6　第三次發展高潮（1993年至今）

在摩爾定律（Moore's Law）[08] 下，電腦性能不斷突破。雲端運算、大數據、機器學習、自然語言和機器視覺等領域發展迅速，人工智慧面臨第三次高潮。在這一階段，AI 發展的主要事件如下。

1997 年：

IBM 的西洋棋機器人「深藍」（Deep Blue）戰勝了曾經 23 次獲得世界排名第一的西洋棋（chess）世界冠軍卡斯帕洛夫（Garry Kasparov）。這是一次具有里程碑意義的成功，它代表了基於規則的人工智慧的勝利。

卡斯帕洛夫和深藍機器人對弈

08　摩爾定律：起始於高登·摩爾（Gordon Moore）在 1965 年的一個預言，當時他看到英特爾公司做的幾款晶片，覺得 18 —— 24 個月可以把晶體管體積縮小一半，個數可以翻一番，運算處理能力能翻一倍。沒想到這麼一個簡單的預言成真了，往後幾十年一直按這個節奏往前走，成了摩爾定律。

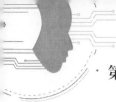

2005 年：

　　塞巴斯蒂安· 特龍 (Sebastian Thrun)[09] 帶領史丹福大學的學生製造了一輛自動駕駛汽車 Stanley 並參加 DARPA (Defense Advanced Research Projects Agency，美國國防高等研究計畫署) 舉辦的自動駕駛汽車大賽，Stanley 成功地在一條沙漠小徑上自動行駛了 131 英里，也是比賽以來第一輛成功穿越整個沙漠回到起點的汽車，最終史丹福大學贏得了 DARPA 挑戰大賽頭獎和 200 萬美元獎金。

自動駕駛汽車 Stanley

09　塞巴斯蒂安· 特龍是史丹福大學終身教授，機器人與人工智慧領域專家，被稱為自動駕駛汽車之父；同時他也是 Google X 實驗室的創始人、Google 街景地圖之父、Google Glass 之父；後來他離開 Google 創立了線上教育平臺 Udacity，是 MOOC (慕課) 教育的開創者之一。

2006 年：

- 傑佛瑞·辛頓以及他的學生魯斯蘭·薩拉赫丁諾夫（Ruslan Salakhutdinov）[10] 在國際頂級期刊《科學》（*Science*）上正式提出了深度學習的概念，為後來人工智慧的發展帶來了重大影響。
- Google 前執行長艾瑞克·施密特（Eric Schmidt）在搜尋引擎大會提出「雲端運算」概念，並表示「雲端運算」將取代傳統以 PC 為中心的運算。

2010 年：

- 塞巴斯蒂安·特龍領導的 Google 自動駕駛汽車被曝光，Google 的自動駕駛汽車在加州的高速公路和彎曲的城市街道上行駛並創下了超過 14 萬公里無事故的紀錄。
- 史丹福大學任助理教授李飛飛和同事在 2009 年國際電腦視覺與圖形識別會議（Conference on Computer Vision and Pattern Recognition, CVPR）的一篇論文中推出了 ImageNet 資料庫。從 2007 —— 2009 年，ImageNet 利用人工、網際網路分時僱傭平臺等傳統方法，收集了超過 320 萬個被標記的圖像，分為 12 個大類別以及 5,247 個小類別。ImageNet 資料庫可以說是電腦視覺研究人員進行大規模物體辨識和檢測時最常用也是最優先考慮的視覺大數

10　魯斯蘭·薩拉赫丁諾夫在 2016 年成為蘋果的 AI 研究團隊負責人。

據來源。從 2010 年開始，這個資料庫迅速發展成為一項年度競賽——ImageNet 大規模視覺辨識挑戰賽 (ImageNet Large Scale Visual Recognition Challenge, ILSVRC)，衡量哪些算法可以以最低的錯誤率辨識資料庫圖像中的物體。

2011 年：

· IBM 超級電腦 Waston 參加智力遊戲《危險邊緣》(*Jeopardy!*)，擊敗最高獎金得主布拉德·魯特 (Brad Rutter) 和連勝紀錄保持者肯·詹寧斯 (Ken Jennings)。

· 蘋果發布語音個人助理 Siri，使用者可以使用自然的對話與手機進行互動，完成搜尋資料、查詢天氣、設置手機日曆、設置鬧鈴等許多服務。

· Nest Lab 發布第一代智慧恆溫器 Nest，它可以了解使用者的習慣，並相應自動地調節溫度。

第一代智慧恆溫器 Nest

2012 年：

- Google 發布了個人助理 Google Now，Google Now 為 Google 搜尋應用程式的一部分，它可以辨識使用者在設備上重複的動作，例如常見的位置、重複的日曆活動、搜尋歷史等，並以卡片的方式向使用者提供相關資訊。
- 傑夫‧迪恩 (Jeff Dean) [11] 和吳恩達 (Andrew Ng) [12] 領導「Google 大腦」(Google Brain) 計畫，透過深度學習技術讓 16,000 個中央處理器核心學習 1,000 萬張關於貓的圖片後，成功在海量 YouTube 影片中辨識出貓的圖像，這次成功被大眾認為是人工智慧領域真正的里程碑。
- 在 ILSVRC 2012 中，多倫多大學的傑佛瑞‧辛頓和他的兩名學生提出了一個名為 AlexNet 的深度卷積神經網路 (convolutional neural network, CNN) 架構，使圖像辨識錯誤率降低至 10.8%，獲得了當年競賽的第一名。同時，

---

11 傑夫‧迪恩是 Google 的第 20 號員工，被稱為 Google 技術奠基人，他是 Google 大腦、Google 機器學習開源框架 TensorFlow、Google 超大規模運算框架 MapReduce、Google 廣告系統、Google 搜尋系統等技術的重要創辦人之一。2018 年，傑夫‧迪恩升任為 Google AI 總負責人。

12 吳恩達是史丹福大學副教授和史丹福人工智慧實驗室主任，他開設的機器學習課程成為史丹福最受歡迎課程之一。2010 年吳恩達加入了 Google，領導建立了著名的 Google 大腦；2013 年吳恩達入選《時代》雜誌年度全球最有影響力 100 人，成為 16 位科界代表之一；2014 年吳恩達加入百度被任命為百度首席科學家，負責百度大腦計畫；在 2017 年，吳恩達離開百度後在 Coursera 上公布了 DeepLearning.ai 深度學習系列課程，同時他也是線上教育平臺 Coursera 的聯合創辦人之一。

卷積神經網路的效果震驚了整個電腦視覺界，成為業界裡家喻戶曉的名字。

· 上文提及的 AlexNet 僅在 2 塊英偉達 GTX 580 GPU 上訓練幾天就贏得了 ILSVRC 2012 的冠軍，大大地降低了時間和硬體成本。這件事引起了世界各地的人工智慧研究人員的關注，用 GPU 來訓練模型使得深度學習技術得以迅速發展。英偉達也憑藉其 CUDA 平臺一飛沖天，後續憑藉自己領先的 GPU 技術迅速在自動駕駛、資料中心（data center）、視覺運算、邊緣運算等領域攻城略地，成為人工智慧領域最炙手可熱的明星企業。

2013 年：

深度學習算法在語音和視覺辨識率上獲得突破性進展。

2014 年：

· 微軟亞洲研究院（Microsoft Research Asia）發布人工智慧聊天機器人小冰和語音助理 Cortana，小冰可以在微博、微信等平臺上為使用者提供天氣、交通、星座等資訊搜尋服務；而 Cortana 被用於 Windows 設備上，它會根據使用者行為和使用習慣提供不同的回應。

· 百度發布了 Deep Speech 語音辨識系統，它可以在飯店等嘈雜環境下執行將近 81% 的辨識準確率，高於 Google、Bing 等競爭對手。

· 史丹福大學人工智慧實驗室主任李飛飛主導的科學家團隊開發了一個機器視覺算法，該算法能夠透過對圖像進行分析，然後用語言對圖像中的資訊進行描述，例如兩個人在公園裡玩飛盤等。

· 微軟執行長薩蒂亞·納德拉（Satya Nadella）在首屆 Code 大會中介紹了全新 Skype 語音翻譯工具，該工具能夠對完整對話執行語音對語音的即時翻譯。

· 亞馬遜（Amazon）發布了個人語音智慧助理 Alexa，並用於剛發售的藍牙喇叭 Echo 上。

2015 年：

· Facebook 發布了一款基於文本的人工智慧助理 M，M 可以在 Facebook Messenger 上為使用者提供餐廳訂位、挑選生日禮物、挑選週末假期等服務。

· Google 發布了開源深度學習系統 TensorFlow 0.1 版本。

· 新發布的第三代微軟小冰被定義為 17 歲的高中女生，擁有全新的人工智慧感官系統和微軟多項人工智慧圖像與語音辨識技術。根據微軟公布的統計數字顯示，人類使用者與小冰的平均每次對話輪數達到 18 輪，而當前同類機器人的平均對話輪數僅有 1.5 ～ 2 輪。

· 百度發布了新一代深度學習語音辨識系統 Deep Speech 2，漢語辨識準確率高達 97%，被《麻省理工科技評論》（*MIT*

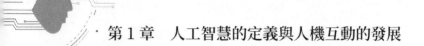

Technology Review）入選為 2016 年「全球十大突破性技術」。

· Google 發布了深度學習高級 API ── Keras，它能夠在
TensorFlow、Theano 等多個深度學習框架上運行，其易
用性和語法簡潔性大大降低了深度學習的學習成本。從發布
至今，有數以百計的開發人員對 Keras 的開原始碼做了完
善和拓展，數以千計的熱心使用者在社區對 Keras 的發展
做出了貢獻，Keras 深受開發者的歡迎。

2016 年：

· Google AlphaGo 以比分 4：1 戰勝圍棋九段棋手李世乭。

· Google 發布了第一代專門為深度學習框架 TensorFlow 設
計的 AI 專用晶片 TPU，它的處理速度要比 CPU 和 GPU
快 15～30 倍[13]，而在效能上，TPU 更是提升了 30～80 倍。

· Google 發布 AI 語音助手 Google Assistant，它被運用在
Pixel 手機、Google Home 智慧音箱和聊天應用 Allo 上。

· 在 2016 年微軟開發者峰會上，微軟發布了微軟認知服務，
包括了視覺、語音、語言、知識和搜尋五個方面，協助第三
方開發者用簡單的代碼執行自己的智慧應用。

· 微軟發布了第四代微軟小冰，她整合了全新的情感運算框架
和即時串流媒體感官，可以做到透過文本、圖像、影片和語
音與人類展開交流，平均對話輪數上升至 25 輪。同時，小

13　和第一代 TPU 對比的是英特爾 Haswell CPU 以及英偉達 Tesla K80 GPU。

冰累積的大數據促使小冰在人工智慧虛擬歌手領域取得了重大突破，微軟宣布小冰正式進入虛擬歌手市場。

· 聊天機器人 (chatbots) 概念開始在歐美地區流行。

· Google 旗下的 DeepMind 發布了最新的原始音訊波形深度生成模型 WaveNet，它能夠透過深度神經網路為任何音訊進行建模，產生的語音非常自然。

· Google、Facebook、IBM、亞馬遜和微軟共同宣布成立一家非營利機構 —— Partnership on AI，其成立的目的是彙集全球不同的聲音，以保障 AI 在未來能夠安全、透明、合理地發展，讓世界更好地理解人工智慧的影響。隨著機構的發展，蘋果、英特爾 (Intel)、索尼 (Sony)、百度等 AI 領頭企業陸續加入其中。

2017 年：

· Google 正式發布了開源深度學習系統 TensorFlow 1.0 和針對行動設備的 TensorFlow Lite 預覽版，大幅降低了人工智慧應用的開發成本。

· Google AlphaGo Master 在圍棋網路對戰平臺以 60 連勝擊敗世界各地高手，並以比分 3：0 完勝世界第一圍棋九段棋手柯潔。隨後的新版本 Google AlphaGo Zero 不借助人類玩家的棋譜，完全忽略幾千年以來人類積累的圍棋智慧，透過自我對弈方式進行自我學習。三天內 AlphaGo Zero 自我

對弈 490 萬局並以 100：0 的戰績戰勝了 AlphaGo，花了 21 天達到 AlphaGo Master 的水準，用 40 天超越了所有舊版本。在 2017 年底，DeepMind 又發布了 AlphaGo 的後續版本 —— AlphaZero，它比之前的 AlphaGo Zero 更為強大的地方在於它能適用於各種棋類上。AlphaZero 從零開始訓練，4 小時就打敗了西洋棋的最強程式 Stockfish；2 小時就打敗了日本將棋的最強程式 Elmo；8 小時就打敗了與李世乭對戰的 AlphaGo v18。

· Google 在開發者大會上發布了 AutoML、ARCore SDK 和 Google Lens。Google Lens 可以根據圖片或拍照辨識出文本和物體，即時分析圖像並迅速共享資訊，這意味著電腦「辨識萬物」的願景即將到來。Google Assistant 在語音、文字和圖像三大方面都有多項更新，並投入使用到電腦、手錶、電視、車載系統等安卓設備上。

· Google 發布了第二代專用 AI 晶片 TPU。除了速度有所提升，相比只能做推理的初代 TPU，TPU 2.0 既可以用於訓練神經網路，又可以用於推理。

· 卡內基梅隆大學開發的人工智慧系統 Libratus 戰勝 4 位德州撲克頂級選手，並獲得了最終勝利，這意味著電腦在「非完整資訊博弈」上超越了人類。

· 百度在 AI 開發者大會上正式發布語音系統 Dueros 和無人

自動駕駛平臺 Apollo 1.0。

· 華為發布全球第一款 AI 行動晶片麒麟 970，聚合了中國 AI
晶片公司寒武紀提供的 NPU 寒武紀 A1，在人工智慧應用
上達到四核心 CPU 25 倍以上的性能和 50 倍以上的效能。

· 默默深耕機器學習和機器視覺的蘋果在 WWDC 2017 上
發布 Core ML、ARKit 等元件。隨後發布的 iPhone X 配
備前置 3D 感應攝影機（TrueDepth），臉部辨識點達到
3 萬個，具備人臉辨識、解鎖和支付等功能；配備的 A11
Bionic 神經網路引擎每秒可達到運算 6,000 億次。

· AR 領域最神祕最受關注的創業公司 Magic Leap 發布了消
費級 AR 眼鏡 Magic Leap One。

· 中國發布世界第一款量子電腦（quantum computer）。量子
電腦可以突破傳統電腦的多項瓶頸，提供更快的運算速度，
這意味著我們的生活方式和商業模式即將有翻天覆地的變化。

· 第五代微軟小冰擁有了高級感官系統，包括全新的全雙工語
音互動感官（full-duplex voice sense）[14]，同時微軟小冰
正式進入 IoT 領域，開始與多家設備廠商進行深度合作。

· 電腦視覺乃至整個人工智慧發展史上的里程碑——
ImageNet 大規模視覺辨識挑戰賽於 2017 年正式結束，圖

14　微軟對全雙工語音互動感官技術的解釋為：與現有的單輪或多輪連續語音辨識效果
　　不同，全雙工語音互動感官技術可即時預測人類即將說出的內容，即時產生回應並
　　控制對話節奏，能理解對話場景在訴說者／傾聽者之間實現角色轉變，還可以辨識
　　說話人的性別、有幾個人在說話。

像辨識錯誤率降低至 2.25%，遠遠低於人類的 5.1%。如今的 ImageNet 已經擁有了 1,500 萬張標註圖像和超過 2.2 萬個類別，很多人認為 ILSVRC 是如今席捲全球 AI 浪潮的催化劑。

2018 年（事件更新至 2018 年 10 月）：

· 晶片製造商高通（Qualcomm）發布了人工智慧引擎 AI Engine，並與百度、商湯科技（Sense Time）等多家 AI 公司進行深度合作。這次發布意味著全球三大行動晶片提供商高通、華為和蘋果全部入局人工智慧領域，人工智慧應用將會面臨新的浪潮。

· Google TPU 雲服務以每小時 6.5 美元的價格正式對外開放，這意味著普通開發者也可以使用「Google 級別」的人工智慧運算能力。

· 與人工智慧相關的四項技術包括感知城市、針對所有人的人工智慧、對抗神經網路和巴別魚耳塞（即時翻譯耳機）被《麻省理工科技評論》入選 2018 年「全球十大突破性技術」。

· IBM、Intel 和 Google 相繼發布量子電腦。Google 的通用量子電腦 Bristlecone 擁有 72 個量子位元，實現了 1% 的低錯誤率並有機會實現量子霸權[15]。

15　量子霸權：量子電腦執行某個任務的能力將超越最好的超級電子電腦。

- 中國 AI 晶片公司寒武紀發布了第三款 NPU「寒武紀
  1M」，可以滿足不同場景、不同量級的 AI 處理需求，可廣
  泛應用於智慧手機、智慧音箱、智慧攝影機和智慧駕駛等不
  同領域中。「寒武紀 1M」搭載於華為麒麟 980。
- Google 在開發者大會上發布了第三代 TPU，性能比第二代
  提高了 8 倍。Google Assistant 新增加了 Google Duplex
  技術，除了可以理解更複雜的句子外，還能以更自然的人聲
  以及更貼近現實的對話方式與人類互動。
- 蘋果在 WWDC 2018 上發布了 Core ML 2.0 和 ARKit 2.0。
  Core ML 2.0 比第一代速度快了 30%；ARKit 2.0 增加了
  增強人臉追蹤、真實感圖形繪製、多使用者 AR 互動等新功
  能。
- 百度在 AI 開發者大會上正式發布雲端全功能 AI 晶片「崑
  崙」、百度大腦 3.0、語音系統 DuerOS 3.0、自動駕駛平臺
  Apollo 3.0。
- 微軟人工智慧小冰推出了史上最大幅度的一次年度升級，正
  式進化為第六代小冰。全新的小冰具備可互動的 3D 形象，
  已經從一個領先的人工智慧對話機器人，發展成為以情感運
  算為核心的完整人工智慧框架。小冰的產品形態涉及對話機
  器人、語音助手、內容創造提供者和一系列垂直領域解決方
  案。微軟首次披露了小冰在全球已擁有 6.6 億使用者，占據
  了全球對話式人工智慧總流量中的絕大部分。

第六代微軟小冰 3D 形象

· Google 在 Google 雲年度大會宣布推出 Cloud AutoML
  Natural Language 與 Cloud AutoML Translation 兩大工
  具，加上此前已推出的 Cloud AutoML Vision，AutoML
  可以幫助各行業缺少 AI 經驗的企業和開發者建立屬於自己
  的圖像辨識、自然語言處理和機器翻譯模型。

· Google 在 Google 雲年度大會第二天宣布推出用於邊緣運
  算的 Edge TPU 和 Edge ML。Edge TPU 可以以超低功率
  的方式進行機器學習推理；Edge ML 是 TensorFlow Lite
  ML 工具的精簡版，在本地運行預先訓練好的 Edge ML 模
  型，可以顯著提高邊緣設備的處理能力和多功能性。後續有
  更多的智慧硬體擁有 AI 的能力。

· 蘋果新發布的 iPhone XS 配備了業界首款 7nm 也是
  iPhone 迄今最智慧、最強大的晶片 A12 Bionic。相比每秒

可以處理 6,000 億次操作的 A11 Bionic，新版本晶片每秒可以處理 50,000 億次操作。

· IBM 在舊金山舉辦了一場人機辯論大戰，IBM 最新人工智慧產品 Project Debater 與兩位經驗豐富的辯手 Noa Ovadia 和 Dan Zafrir 進行較量。Project Debater 在兩場由觀眾投票的辯論中贏得了其中一場，辯題為「是否應該增加使用遠程醫療」。最重要的是，這是第一個展示出辯論能力的人工智慧系統。

· Google 發布了針對 JavaScript 開發者的全新機器學習框架 TensorFlow.js，開發者可以在瀏覽器上開發以及運行機器學習模型。

· Facebook 在 F8 開發者大會上發布了深度學習框架 PyTorch 1.0，它深度整合了業界最流行的深度學習框架 Caffe2（Facebook 的另外一款深度學習框架），其中一個名為 fastai 的開源資料庫可以大量減少深度學習的學習成本和工作量，深受開發者的歡迎。

· Google 旗下的 Waymo 開始自動駕駛計程車服務的商業化營運。

1.2　人機互動的發展歷程

　　人工智慧和人機互動的發展可以說是密不可分，相輔相成；但可能大家都很難想到的是，在 60 年前，人工智慧和人機互動基本就是兩大陣營，水火不容，我們來看看是怎麼回事。

1.2.1　人工智慧與智慧增強

　　1950 年代，兩位先後獲得了圖靈獎的學者在麻省理工學院見面，他們分別是馬文·明斯基（Marvin Minsky）和道格拉斯·恩格爾巴特（Douglas Engelbart）。明斯基曾組織並參與達特茅斯會議，他和約翰·麥卡錫（John McCarthy）一起創立了麻省理工學院人工智慧研究室，被後人譽為「人工智慧之父」；恩格爾巴特曾發明滑鼠被譽為「滑鼠之父」，他先後提出的郵件、超文本連結、視窗等概念對人機互動發展有著重大影響。聽說他們見面後產生了以下爭論：

　　明斯基：「我們要讓機器變得智慧，我們要讓它們擁有意識。」

　　恩格爾巴特：「你要為機器做這些事？那你又打算為人類做些什麼呢？」

　　其實兩位圖靈獎獲得者來自電腦發展初期的兩大陣營，明斯基代表的是人工智慧（artificial intelligence, AI）陣營，目標是要創建一個智慧機器來取代人類的認知功能和能力；恩格

爾巴特代表的是智慧增強（intelligence augmentation, IA）陣營，目標是要將智慧機器用來擴展人類的認知功能和能力。兩大陣營的最大矛盾在於設計的智慧機器是否要基於「以人為本」，歸根究柢還是經濟和倫理問題：智慧機器是否會導致人類失業甚至活不下去。

從歷史來看，科技的進步使人類的效率提高，導致部分人失業是一件非常正常的事情，但這次革新的科技將會是一款具備甚至超越人類能力的智慧機器，而這個願景可能會對人類和社會產生巨大的正面以及負面影響，所以引起了兩個陣營的熱烈爭論。

其實 AI 和 IA 兩個陣營做的研究都是使電腦更聰明，除了爭論是否基於「以人為本」來設計機器外，最主要的矛盾其實是時間問題：機器擁有甚至超越人類的能力何時到來？人工智慧陣營的約翰·麥卡錫認為取代人類的技術會在 1970 年代實現，但由於技術瓶頸的限制，這個目標過了 50 年仍未實現。

所謂「當局者迷，旁觀者清」，麥卡錫和恩格爾巴特的早期資助者約瑟夫·利克萊德（J. C. R. Licklider）認為：智慧機器在達到甚至超越人類能力之前，需要處理好與人類的關係；人機互動是智慧機器前進過程中的一個過渡階段。

由於各種技術瓶頸的限制，研究人工智慧的歷程相當坎坷，AI 陣營大大小小經歷了兩次寒冬，在某些年代他們基本抬不起頭來。而 IA 陣營卻不一樣，基於恩格爾巴特提出

的 CoDIAK（Concurrent Development, Integration, and Application of Knowledge，對知識進行合作開發、匯集和應用）概念框架的進一步延伸和拓展，人機互動技術得以快速發展。可以認為，電腦的幾次革命和大規模普及都離不開於人機互動的改變和創新，人工智慧也受益於這幾次技術的變革。

1.2.2　人機互動發展的主要事件

1960 年，約瑟夫·利克萊德設計了網際網路的初期架構——以寬頻通訊線路連接的電腦網路，目的是實現資訊儲存、提取以及實現人機互動的功能，這個思想的創新性是繼電話網路、電報網路、無線電網路之後，催生了以電腦聯機為主的第四網路。同年，利克萊德提出了「人機共生」（Man-Machine Symbiosis）概念，被視為人機介面學的啟蒙觀點。

1962 年，恩格爾巴特發表了論文〈提升人類智慧：一個概念性的框架〉，呈現了依靠技術管理資訊、幫助人們互相合作來解決世界經濟和環境問題的藍圖。可以認為，後來人機互動陣營實現的各種技術例如視窗、滑鼠、網際網路，再到語音互動，基本停留在恩格爾巴特這個理論框架中。

1963 年，電腦圖形學之父伊凡·蘇澤蘭（Ivan Sutherland）在麻省理工的博士論文專案「畫板」（Sketchpad）幫助圖形、互動式運算向前大步邁進。

1964 年，恩格爾巴特發明的滑鼠充分地解決了人們在圖形

化電腦介面操縱螢幕元素的問題,為互動式運算奠定了基礎,因此被 IEEE 列為電腦誕生 50 年來最重大的事件之一。

1965 年,伊凡·蘇澤蘭提出了虛擬實境這個想法,被後人稱為「VR 之父」。3 年後,他與鮑伯·斯普勞爾(Bob Sproull)合作開發了一臺名為「達摩克利斯之劍」(Sword of Damocles)的原型機,這是世界上的第一款 VR/AR HMD(head-mounted display,頭戴顯示裝置)系統。雖然過重的達摩克利斯之劍只能鑲嵌在天花板上,但 VR/AR 設備開始出現實物的雛形。

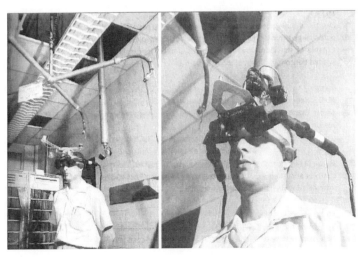

達摩克利斯之劍原型機

1968 年,恩格爾巴特開發了世界上第一個標準化的編輯器 NIB,並向 1,000 多名全世界最頂尖的電腦精英進行展示,這次的展示包括了滑鼠、多媒體和影片遠程會議,展示效果轟動

了全場。此外，恩格爾巴特還提出了超文本連結、電子郵件、電子出版、多視窗電腦顯示器等概念，他的實驗室為美國政府開發出 ARPANet 網路（即網際網路的前身），碩果纍纍的他被譽為「電腦使用者介面設計方案中提出最佳思路之人」。為了表彰恩格爾巴特在人機互動領域的開拓式貢獻，恩格爾巴特在 1997 年獲得了「電腦界的諾貝爾獎」 —— 圖靈獎。

　　1969 年，在英國劍橋大學召開了第一次人機系統國際大會，同年第一份專業雜誌《國際人機研究》（*International Journal of Man-Machine Studies, IJMMS*）創刊。可以說，1969 年是人機介面學發展史的里程碑。

　　1970 年，相關學者成立了兩個人機互動研究中心：一個是英國的拉夫堡大學（Loughborough）大學的 HUSAT 研究中心，另一個是美國施樂公司的 Palo Alto 研究中心（PARC）。

　　1973 年，美國電報電話公司（AT&T）發明了一個新概念，名叫「蜂窩網路」（cellular network），它透過無線通道將終端和網路設備連接起來。同年，摩托羅拉實驗室的領導者馬丁·庫帕（Martin Cooper）率先研發出推向民用的行動電話，被後人稱為「行動電話之父」。手機的誕生意味著使用者可以隨時隨地與朋友通訊，為後續行動網路埋下伏筆。

　　1973 年，施樂 PARC 研究中心推出了世界上第一款擁有圖形介面的 Alto 電腦，從此開啟了電腦圖形介面的新紀元，人機互動正式進入 GUI（graphical user interface，圖形使用者介

面）時代。

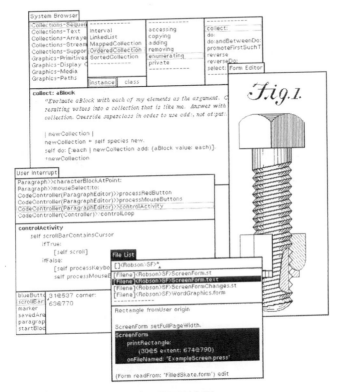

第一代圖形介面

　　1983 年，美國國家航空暨太空總署 NASA 開發了一款用於
火星探測的虛擬環境視覺顯示器 VIVED VR，其作用是訓練增
強太空人的臨場感，使其在太空能夠更好地工作。相比起「達
摩克利斯之劍」，VR 設備體積逐漸縮小並能四處行動。

用於火星探測的虛擬環境視覺顯示器 VIVED VR

　　1990 年，VR 先驅杰倫·拉尼爾 (Jaron Lanier) 創辦了 VR 公司 VPL Research，針對民用市場推出了一系列 VR 設備，包括了 VR 手套 Data Glove、VR 頭戴式顯示裝備 Eye Phone、環繞音響系統 AudioSphere、3D 引擎 Issac、VR 操作系統 Body Electric 等。儘管技術不成熟、硬體成本高等一系列原因導致 VR 產品得不到市場的認可，但為未來的 VR 發展奠定了良好的理論基礎。

Eye Phone 和 Data Glove

　　1980 ── 1995 年，蘋果、IBM、微軟等大公司相繼推出
自己的圖形介面系統，最終微軟推出的 Windows 95 贏得了大
部分市場占有率，微軟從此走上帝國之路。

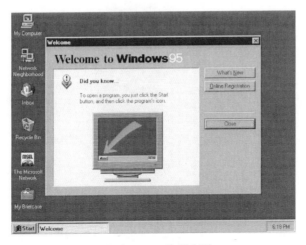

Windows 95 使用介面

· 第 1 章　人工智慧的定義與人機互動的發展

　　1992 年，李開復博士在媒體上演示了一個名叫 Casper 的語音助理，這個語音助理實現了用語音直接輸入文字，更改字號、字體，變換藝術字樣式，打開／退出電腦程式，操作程式等功能。

　　1993 年，蘋果推出掌上電腦（PDA，個人數位助理）Apple Newton Messagepad，它能給使用者帶來觸控螢幕、紅外線、手寫輸入等一些頗具未來主義風格的人機互動功能。蘋果前執行長約翰·斯考利（John Sculley）希望未來電腦也能夠放到口袋，融入大世界中。同年，IBM 公司在推出了 Simon 手機，它結合了手機和 PDA 的功能特點，並且首次內置了一塊觸控螢幕，儘管早期觸控螢幕的觸感實在是很差。

Apple Newton Messagepad

1997 年，飛利浦公司推出數位化智慧手機，能夠無線接入電子郵件、網際網路和傳真。這意味著使用者可以在戶外隨時隨地接收網路資訊，為行動網路埋下伏筆。

1997 年飛利浦推出的智慧手機

1997 年，哥倫比亞大學的斯蒂文·費恩納 (Steven Feiner) 發布了世界第一個室外行動擴增實境系統 Touring Machine。這套系統包括一個帶有完整方向追蹤器的透視頭戴式顯示器；一個捆綁了電腦、DGPS 和用於無線網路訪問的數位無線電的背包；一臺配有光筆和觸控介面的手持式電腦。這意味著電腦從室內走向室外並即時獲取真實空間資訊。

The Touring Machine System

1999 年，世界第一款 AR 開源工具 ARToolKit 問世了。這個開源工具由奈良先端科學技術大學院大學（Nara Institute of Science and Technology）的加藤弘（Hirokazu Kato）開發，可以辨識和追蹤一個黑白的標記（Marker），並在黑白標記上顯示 3D 圖像。ARToolKit 的出現使得 AR 技術不僅僅局限在專業的研究機構之中，許多普通程式員也都可以利用 ARToolKit 開發自己的 AR 應用。這意味著人機互動開始從二維介面轉向三維空間。

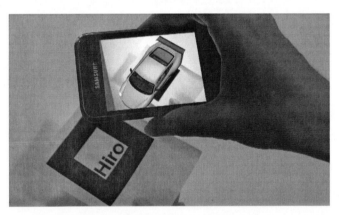

ARToolKit 和黑白標記

2000 年，互動式語音應答（interactive voice response, IVR）誕生，電話使用者只要撥打行動營運商所指定號碼，就可根據語音操作提示收聽、點播或發送語音資訊，以及使用聊天交友等互動式服務。一些銀行、信用卡中心等商業機構也會透

過 IVR 技術為電話使用者提供自動化電話查詢服務，例如戶口餘額查詢、轉帳、更改密碼。

2002 年，手機和 WAP 技術逐漸成熟，更多的功能手機開始配備網頁瀏覽器、電子郵件、攝影機和影片遊戲等功能。當時最出名的 Symbian 操作系統被廣泛應用在不同的功能手機上，為行動網路奠定了良好基礎。

Danger Hiptop

2004 年，Web 2.0 成為主流並提出了「應用軟體構建在網際網路」這個概念。Facebook、YouTube 等社群、影片網站的相繼推出，人們使用網際網路的時間逐漸增多，人機互動正式進入網際網路時代。這次變革意味著使用者大部分資料都沉澱到每個大公司資料平臺上，為人工智慧發展奠定了基礎。

第 1 章　人工智慧的定義與人機互動的發展

2006 年，日本遊戲公司任天堂推出了新世代遊戲機 Wii，它比起其他遊戲主機多了一個最具有創新性的硬體設備——Wii 遊戲手把，它透過運動感測器（sensor）簡單辨識玩家的手臂動作，大大提高了遊戲的可玩性和互動性。

2007 年，蘋果公司執行長史蒂夫·賈伯斯（Steve Jobs）在舊金山發布了 iPhone 和 iOS。

2008 年，Google 發布了開源行動操作平臺 Android。iPhone 和 Android 的多點觸控和感測器概念徹底改變了手機的人機互動方式，逐漸完善的使用者體驗和不斷增加的新功能使人們使用手機的時間越來越長。這次變革使人類每天產生的資料發生了爆炸性增長，人工智慧即將回到人們的視野。

2009 年，微軟針對遊戲主機 Xbox 360 推出了體感周邊外部裝置 Kinect，它是一款 3D 體感攝影機，擁有即時動態捕捉、影像辨識、麥克風輸入、語音辨識、社群互動等功能。玩家可以透過 Kinect 在遊戲中跳舞或者運動，以及透過網際網路和其他玩家進行語音互動。這意味著人類可以在三維空間裡透過動作、手勢和語音等方式與電腦進行互動。

2011 年，蘋果發布了語音助理 Siri，隨後幾年裡 Google、亞馬遜和百度相繼發布了 Google Assistant、Alexa 和 DuerosOS，語音互動時代已經來臨。語音互動依賴於人工智慧旗下的自然語言處理技術，這說明了新的人機互動變化也依賴於人工智慧技術的成熟。

2012 年，Google 革命性產品 Google Glass 開始測試，它意味著擴增實境和脫離雙手操作的人機互動時代即將到來。可惜的是，Google Glass 上市後在檢驗市場需求的同時也由於自身的諸多不足而遭遇了失敗（2017 年 Google Glass 專案重新啟動並專注於企業行業應用）。

2013 年：

· 體感控制器製造公司 Leap 發布了體感控制器 Leap Motion，它可以以超過每秒 200 幀的速度追蹤全部 10 隻手指，精度高達 0.01 公釐。這意味著人透過手勢辨識與電腦進行互動的精確度上升到一個新的高度。

· 加拿大創業公司 Thalmic Labs 推出了手勢控制臂環 MYO 腕帶。與其他透過相機技術追蹤使用者手勢不一樣的是，MYO 是透過探測使用者肌肉產生的膚電活動（electrodermal activity, EDA）來感知使用者的動作，官方聲稱 MYO 腕帶對手勢的捕捉速度非常快，有時候你甚至會覺得自己的手還沒開始動 MYO 就已經感受到了。相比 Kinect 和 Leap Motion，MYO 的優勢在於不受具體場地的限制，可以更自然、更直觀地控制數位世界。隨著成本的降低，透過膚電活動判斷使用者意圖這項技術將會對下一輪人機互動變革帶來巨大的影響。

第 1 章　人工智慧的定義與人機互動的發展

2014 年：

· 虛擬實境設備廠商 Oculus 被網際網路巨頭 Facebook 以 20 億美元收購，隨後 3 年索尼、Google、Facebook 和 HTC 相繼推出自己的虛擬實境設備 PSVR、Daydream、Oculus Rift 和 Vive，特別一提的是 Oculus 的手把 Oculus Touch 能夠感知使用者的手指動作並在遊戲中實現手勢操作。沉寂多年的虛擬實境終於面臨了爆發。

· 中國公司柔宇科技發布了全球第一款國際業界最薄、厚度僅 0.01 公釐的全彩柔性顯示器，這項新的技術在未來會對具有螢幕設備的人機互動產生巨大影響。

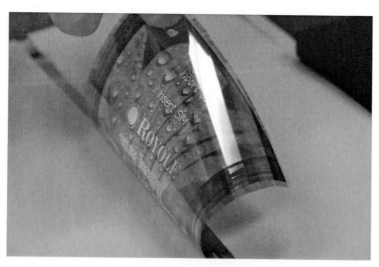

柔宇全彩柔性顯示器

56

2015 年，日本任天堂授權，美國 Niantic 開發的 AR 手遊 Pokémon GO，微軟發布 MR（mix reality，混合現實）眼鏡 Hololens，使 AR 重新回到人們視野。

2016 年：

- 360°全景拍攝消費級相機開始湧入大眾的視野，人們又多了一種記錄美好瞬間的方式。除了以現有的圖片、文字和小影片進行互動外，你還可以透過 360°全景圖片和影片等方式進行溝通和表達，更真實地還原事件和場景。這意味著 VR 和 AR 資料的累積速度會不斷飆升。
- Google、索尼、Oculus、三星以及 HTC 等聯合成立了全球虛擬實境協會（Global Virtual Reality Association, GVRA），目的是統一未來的 VR 行業規範，為虛擬實境軟硬體開發和拓展打造一個健康、公平的行業環境。

2017 年：

- 日本索尼公司發布了智慧觸控投影機 SONY Xperia Touch，它可以在水平或垂直的表面上投射一個虛擬的螢幕並檢測使用者的觸控手勢命令。這意味著任意載體都有可能成為電腦的螢幕，與物聯網整合說不定會發生不一樣的化學反應。
- 2017 年成為 AR 爆發的一年，蘋果和 Google 相繼推出 ARKit 和 ARCore，AR 領域最神祕、最受關注的創業公司 Magic Leap 發布了消費級 AR 眼鏡 Magic Leap One。從

現有整理的資料來看，Magic Leap One 將會是擴增實境領域最重磅也是最具備革新的產品之一。深耕圖像辨識多年的 Google 發布了人工智慧應用 Google Lens，它能夠即時辨識用智慧手機相機所拍攝的物品並提供與之相關的內容，這意味著 AR 中最重要的基礎「辨識萬物」技術趨於成熟，以及基於現實空間的人機互動技術趨於成熟。

2018 年：

· 在 Oculus Connect 5 大會上，Facebook 的執行長馬克·祖克伯（Mark Zuckerberg）發布了無線 VR 獨立一體機 Oculus Quest。這款獨立 VR 設備將是第一款為頭顯設備和雙手把提供運動位置追蹤的無線 Oculus 設備，其採用新的 Oculus Insight 技術可以在不放置任何感測器的情況下，準確獲取使用者及其周圍環境的位置。

· 柔宇科技發布了全球首款可折疊柔性螢幕手機 FlexPai。使用者可以透過自由折疊的方式，將螢幕在 4.0 英吋和 7.8 英吋自由切換，既能方便攜帶，又能滿足辦公、影音娛樂等場景下大螢幕操作的需求，解決了「怎樣在滿足大螢幕的同時還能控制產品的體積」這個問題。同時，由於柔性螢幕可以在空間 z 軸上發生變化，意味著未來螢幕的人機互動和資訊傳遞可以在空間的 z 軸上進行，想像空間非常巨大。

可以從以上人機互動的發展歷程了解到，在電腦發展前中

期，人機互動的改變使使用者產生資料的速度不斷加快，這直接影響到人工智慧的發展；到了 2013 年深度學習算法在語音和圖像辨識方面獲得突破性進展後，人工智慧開始反哺人機互動的發展，這說明人工智慧和以人機互動為代表的智慧增強的關係是密不可分的。現在已經很少有人談及以往人工智慧和智慧增強的區別，「人工智慧」這個名詞逐漸成為主流。

很多專家學者對第三次人工智慧浪潮給予了肯定，認為這次人工智慧浪潮能引起第四次工業革命。人工智慧逐漸開始在保險、金融等領域滲透，在未來，從健康醫療、交通出行、銷售消費、金融服務、媒體娛樂、生產製造，到能源、石油、農業、政府等所有垂直產業都將因人工智慧技術的發展而受益。

那麼，這次人工智慧再次爆發的原因是什麼？

1.3　人工智慧再次爆發的原因

2000 年以來，得益於網際網路、社群媒體、行動設備和感測器的普及，全球產生及儲存的資料量急速劇增。根據 IDC 報告顯示，在過去幾年，全球的資料量以每年 58% 的速度增長，在未來這個速度將會更快，2020 年全球資料總量超過 64ZB，預期在 2025 年將成長至 181ZB。與之前相比，現階段資料包含的資訊量越來越大、維度也越來越多，從簡單的文本、圖像、聲音等富媒體 (rich media) 資料，逐漸過渡到動作、姿態、軌

跡等人類行為資料，再到地理位置、天氣、社會群體行為等環境資料。這些規模更大、類型更豐富的資料直接提升了人工智慧的算法模型效果。

　　而在另一方面，運算能力的提升也造成了明顯效果。CPU雖然擅長處理和控制複雜流程，但不適合用在運算量巨大的機器學習上。研究人員為此研究出擅長並行運算的 GPU，以及擁有良好的運行效能比、更適合深度學習模型的 FPGA 和 ASIC；Google 的 TPU、百度的崑崙等 AI 晶片的出現顯著提高了資料的處理速度，尤其是在處理海量資料時明顯優於傳統晶片，同時晶片的功耗比也越來越高。

　　最後，2006 年傑佛瑞·辛頓提出的深度學習算法為後續各種人工智慧算法模型奠定了良好基礎。同時，Google、微軟、Facebook 和百度等公司不斷將研究成果轉換成簡單易學的工程並開源給全球開發者，讓每位開發者都能參與到這次 AI 浪潮當中，加快整個人工智慧前進的步伐。整體而言，這次人工智慧浪潮的漲起，資料、運算能力和算法模型的爆發成長功不可沒，尤其是資料的規模和豐富度，它對人工智慧算法的訓練尤其重要。

1.4　現在說的人工智慧是什麼？

究竟我們現在講的人工智慧是什麼？在 1960 年代，AI 研究人員認為人工智慧是一臺通用機器人，它擁有模仿智慧的特徵，懂得使用語言，懂得形成抽象概念，能夠對自己的行為進行推理，可以解決人類現存問題。由於理念、技術和資料的限制，人工智慧在模式辨識、資訊表示、問題解決和自然語言處理等不同領域發展緩慢。

1980 年代，AI 研究人員轉移方向，認為人工智慧對事物的推理能力比抽象能力更重要，機器為了獲得真正的智慧，必須具有軀體，它需要感知、行動、生存，與這個世界互動。為了累積更多推理能力，AI 研究人員開發出專家系統，它能夠依據一組從專門知識中推演出的邏輯規則在某一特定領域回答或解決問題。

1997 年，IBM 的超級電腦「深藍」在西洋棋領域完勝整個人類代表卡斯帕羅夫；相隔 20 年，Google 的 AlphaGo 在圍棋領域完勝整個人類代表柯潔。劃時代的事件使大部分 AI 研究人員確信人工智慧的時代已經降臨。

可能大家覺得西洋棋和圍棋好像沒什麼區別，其實兩者的難度不在同一個級別。西洋棋走法的可能性雖多，但棋盤的大小和每顆棋子的規則大大限制了贏的可能性。深藍可以透過蠻力看到所有的可能性，而且只需要一臺電腦基本上就可以

搞定。相比西洋棋，圍棋很不一樣。圍棋布局走法的可能性可能要比宇宙中的原子數量還多，幾十臺電腦的運算能力都搞不定，所以機器下圍棋想贏非常困難，包括圍棋專家和人工智慧領域的專家們也紛紛斷言：電腦要在圍棋領域戰勝人類棋手，還要再等 100 年。結果機器真的做到了，並據說 AlphaGo 擁有圍棋 20 段的實力（目前圍棋棋手最高是 9 段）。

那麼深藍和 AlphaGo 在本質上有什麼區別？簡單地說，深藍的代碼是研究人員設計程式的，知識和經驗也是研究人員傳授的，所以可以認為與卡斯帕羅夫對戰的深藍的背後還是人類，只不過它的運算能力比人類更強，更少失誤。而 AlphaGo 的代碼是自我更新的，知識和經驗是自我訓練出來的。與深藍不一樣的是，AlphaGo 擁有兩顆大腦，一顆負責預測落子的最佳機率，一顆做整體的局面判斷，透過兩顆大腦的共同工作，它能夠判斷出未來幾十步的勝率大小。所以與柯潔對戰的 AlphaGo 背後，是透過十幾萬次海量訓練後擁有自主學習能力的人工智慧系統。

這時候社會上出現了不同的聲音：「人工智慧會思考並解決所有問題」、「人工智慧會搶走人類的大部分工作」、「人工智慧會取代人類」……已來臨的人工智慧究竟是什麼？

人工智慧目前有兩個定義，分別為強人工智慧和弱人工智慧。

普通群眾所想像的人工智慧屬於強人工智慧，它屬於通用型機器人，也就是 1960 年代 AI 研究人員提出的理念。它能夠和人類一樣對世界進行感知和互動，透過自我學習的方式對所有領域進行記憶、推理和解決問題。這樣的強人工智慧需要具備以下能力（借鑑李開復老師所著的《人工智慧》一書）：

1. 存在不確定因素時進行推理、使用策略解決問題、制定決策的能力。
2. 知識表示的能力，包括常識性知識的表示能力。
3. 規劃能力。
4. 學習能力。
5. 使用自然語言進行交流溝通的能力。
6. 將上述能力整合起來實現既定目標的能力。

這些能力在常人看來都很簡單，因為自己都具備；但由於技術的限制，電腦很難具備以上能力，這也是為什麼現階段人工智慧很難達到常人思考的水準。

由於技術未成熟，現階段的人工智慧屬於弱人工智慧，還達不到大眾所想像的強人工智慧。弱人工智慧也稱「限制領域人工智慧」或「應用型人工智慧」，指的是專注於且只能解決特定領域問題的人工智慧，例如 AlphaGo，它自身的數學模型只能解決圍棋領域的問題，可以說它是一個非常狹小領域內的專家系統，而它很難擴展到稍微寬廣一些的知識領域，例如如何

透過一盤棋表達出自己的性格和靈魂。

　　弱人工智慧和強人工智慧在能力上存在著巨大鴻溝，弱人工智慧想要進一步發展，必須擁有以下能力（借鑑李開復老師所著的《人工智慧》一書）：

1. 擁有跨領域推理能力。
2. 擁有抽象能力。
3. 「知其然，也知其所以然」。
4. 擁有常識。
5. 擁有審美能力。
6. 擁有自我意識和情感。

　　從電腦領域來說，人工智慧是用來處理不確定性以及管理決策中的不確定性，即透過一些不確定的資料輸入來進行一些具有不確定性的決策。從目前的技術實現來說，人工智慧就是深度學習，它是 2006 年由傑佛瑞·辛頓所提出的機器學習算法，該算法可以使程式擁有自我學習和演變的能力。

1.5 機器學習和深度學習是什麼？

機器學習是一門涉及統計學、神經網路、優化理論、電腦科學、腦科學等多個領域的交叉學科，它主要研究電腦如何模擬或者實現人類的學習行為，以便獲取新的知識或技能。簡單來說，機器學習就是透過一個數學模型將大量資料中有用的數據和關係挖掘出來，基於資料的機器學習是當前人工智慧的重要方法之一。基於學習模式、學習方法以及算法的不同，目前機器學習模式分為以下四種方法：

1. 監督學習，它與數學中的函數有關，也是現在機器學習裡最常用的方法。監督學習需要研究者不斷地標註資料因而提高模型的準確性，透過挖掘標註資料之間的關係最後得出結果。例如幫一籃水果中不同的水果都貼上顏色、形狀、名稱等標籤，這時候機器會透過學習發現紅色、圓形對應的是蘋果，黃色、條狀對應的是香蕉，當有一個新水果時，機器會根據學習的結果知道它是蘋果還是香蕉。監督學習的典型應用場景多為資訊檢索、個性化推薦、預測、垃圾郵件偵測等。

2. 非監督學習，它與現實中的描述有關。非監督學習與需要標籤的監督學習相互對立，它可以在沒有提供額外資訊的情況下，從原始資料中自動提取出數據的模式和結構，因

65

而不斷最佳化自身模型最後得出結果。例如給定一籃水果，要求機器自動將其中的同類水果歸在一起。機器首先會對籃子裡的每個水果用多個向量來表示，透過不斷的自我學習發現水果有顏色、味道和形狀三個關鍵向量，然後機器會將相似向量的水果歸為一類，例如紅色、甜的、圓形的被歸在一類，黃色、甜的、條形的被歸在另一類，最後會發現第一類的都是蘋果，第二類的都是香蕉。無監督學習的典型應用場景多為資料探勘（data mining）、異常檢測、使用者聚類、新聞聚類等。

3. 半監督學習，它可以理解為監督學習和非監督學習的結合，它僅需要少量的標註就能完成辨識工作。例如給定一籃水果，只需要對少量水果進行標註，機器就會自動把所有水果進行分類並標註這類水果是什麼，當有一個新水果時，機器就會根據學習的結果判斷它是蘋果還是香蕉。

4. 強化學習，和前面三種方法完全不一樣，強化學習是一個動態的學習過程，而且沒有明確的學習目標，對結果也沒有精確的衡量標準。強化學習的輸入是歷史的狀態、動作和對應獎勵，要求輸出的是當前狀態下的最佳動作。舉個例子，假設在午飯時間你要下樓吃飯，附近的餐廳你已經體驗過一部分，但不是全部，你可以在已經嘗試過的餐館中選一家最好的，也可以嘗試一家新的餐館，後者可能讓

你發現新的更好的餐館，也可能吃到不滿意的一餐。而當你已經嘗試過的餐廳足夠多的時候，你會總結出經驗，例如 Google 評論上的高分餐廳一般不會太差、公司樓下近的餐廳沒有遠的餐廳好吃等等，這些經驗會幫助你更容易發現可靠的餐館。許多控制決策類的問題都是強化學習問題，例如讓機器透過各種參數調整來控制無人機實現穩定飛行，透過各種按鍵操作在電腦遊戲中贏得分數等。

深度學習是機器學習下面的一條分支，目前的深度學習應用幾乎都屬於監督學習。深度學習能夠透過多層深度神經網路對資料進行處理，如果發現處理後的資料符合要求，就把這個網路作為目標模型；如果發現資料不符合，就不斷地自我調整神經網路中複雜的參數設置，使自身模型進行不斷地自我優化，因而發現更多優質的資料以及聯繫。目前的 AlphaGo 正是採用了深度學習算法擊敗了人類世界冠軍，更重要的是，深度學習促進了人工智慧其他領域如自然語言和機器視覺的發展。目前人工智慧的發展依賴深度學習，這句話沒有任何問題。

1.6 人工智慧的基礎能力

在了解人工智慧的基礎能力前，我們再聊一下更底層的東西——資料。電腦資料分為兩種，結構化資料和非結構化資料。結構化資料是指具有預定義的資料模型的資料，它的本質是將所有資料標籤化、結構化，後續只要確定標籤，資料就能讀取出來，這種方式容易被電腦理解。非結構化資料是指資料結構不規則或者不完整，沒有預定義的資料模型的資料。非結構化資料格式多樣化，包括了圖片、音訊、影片、文本、網頁等，它比結構化資料更難標準化和理解。

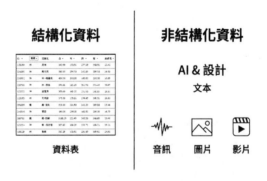

結構化資料與非結構化資料

音訊、圖片、文本、影片這四種載體可以承載著來自世界萬物的資訊，人類在理解這些內容時毫不費力；對於只懂結構化資料的電腦來說，理解這些非結構化內容比登天還難，這也就是為什麼人與電腦交流時非常費力。

人類與電腦的理解差異

　　全世界有 80% 的資料都是非結構化資料，人工智慧想要從「看清」、「聽清」達到「看懂」、「聽懂」的狀態，必須要把非結構化資料這塊硬骨頭啃下來。學者在深度學習的幫助下在這一領域取得了突破性成就，為人工智慧其他各種能力的發展奠定了基礎。

　　如果將人工智慧比作一個人，那麼人工智慧應該具有記憶思考能力〔深度學習、知識圖譜、遷移學習、自然語言處理〕、輸入能力（機器視覺、語音辨識）以及輸出能力（語音合成、透過資訊載體傳達資訊）。

　　簡單點說，知識圖譜就是一個關係網路。它從不同來源收集資訊並加以整理，每個資訊都是一個節點，當資訊之間有關係時，相關節點會建立起聯繫，眾多不同種類的資訊節點逐漸形成一個關係網路。知識圖譜有助於資訊儲存，更重要的是提高了資訊的查詢速度和結果品質。目前知識圖譜主要被用於搜尋引擎、資料視覺化和精準行銷等領域。

　　遷移學習把已學訓練好的模型參數遷移到新的模型來幫助新模型訓練資料集。由於大部分領域都沒有足夠的資料量進行模型訓練，遷移學習可以將大數據的模型遷移到小數據上，實現個性化遷移，如同人類思考時使用的類比推理。遷移學習有助於人工智慧掌握更多知識。

　　自然語言處理指用電腦對自然語言的形、音、義等資訊進行處理，即對字、詞、句、篇章的輸入、輸出、辨識、分析、理解、產生等的操作和加工。自然語言處理主要研究人類如何透過語言與電腦進行有效的通訊。電腦想要理解人類的思想，首先要聽清楚人類在說什麼，看清人類寫的文字是什麼，然後再去理解人類所表達的意思是什麼，其背後需要人工智慧擁有廣泛的知識以及運用這些知識的能力，以上這些都是自然語言處理需要解決的問題，也是電腦科學、數學、語言學與人工智慧領域所共同關注的重要問題。自然語言處理的主要範疇非常廣，包括了語音合成、語音辨識、語句分詞、詞性標註、語法分析、語句分析、機器翻譯、自動摘要、問答系統等。

　　機器視覺是使用電腦模仿人類視覺系統的學科，主要包括了計算成像學、圖像理解、三維視覺、動態視覺和影片編解碼五大類。機器視覺透過攝影機和電腦代替人的眼睛對目標進行辨識、跟蹤和測量，並進一步對圖像進行處理。這是一門研究如何使機器「看懂」的技術，是人工智慧最重要的輸入方式之一。如何透過攝影機就能做到即時、準確辨識外界狀況，這是

人工智慧的瓶頸之一，深度學習在這方面幫了大忙。現在熱門的人臉辨識、自動駕駛、機器人、智慧醫療等技術都依賴於機器視覺技術。

語音辨識的目的是將人類的語音內容轉換為相應的文字。機器能否與人類自然交流的前提是機器能聽清人類講什麼，語音辨識也是人工智慧最重要的輸入方式之一。由於不同地區有著不同方言和口音，這對於語音辨識來說都是巨大的挑戰。目前百度、科大訊飛等公司的語音辨識技術在華語的準確率已達到 97%，但方言準確率還有待提高。

目前大部分的語音合成技術 (text to speach, TTS) 是利用在資料庫內的許多已錄好的語音連接起來，但由於缺乏對上下文的理解以及情感的表達，朗讀效果很差。現在百度和科大訊飛等公司在語音合成上有新的成果：2016 年 3 月百度語音合成了張國榮聲音與粉絲互動；2017 年 3 月本邦科技利用科大訊飛的語音合成技術，成功幫助小米手機實現了一款內含「黑科技」的行銷活動 H5。它們的主要技術是透過對張國榮、馬東的語音資料進行語音辨識，提取該人的聲紋和說話特徵，再透過自然語言處理對講述的內容進行情緒辨識，合成出來的語音就像本人在和你對話。

Google 旗下的 Deepmind 在 2016 年推出了語音生成模型 WaveNet，WaveNet 拋棄了以往 TTS 的做法，完全透過深度神經網路生成原始音訊波形，並且大幅提高了語音生成品質，

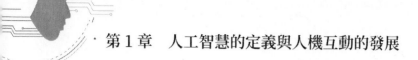

使語音聽起來更自然。WaveNet 在 2017 年已被用於 Google Assistant 上。新的語音合成技術，讓語言和情感的表達不再被資料庫內的錄音所限制。

1.7　人工智慧的主要發展方向

經過多年的人工智慧研究，人工智慧的主要發展方向分為計算智慧（computational intelligence）、感知智慧、認知智慧三個階段，這一觀點也得到業界的廣泛認可。

計算智慧是以生物進化的觀點認識和模擬智慧。有學者認為，智慧是在生物的遺傳、變異、生長以及外部環境的自然選擇中產生的。在用進廢退、優勝劣汰的過程中，適應度高的（頭腦）結構被保存下來，智慧水準也隨之提高。機器借助大自然規律的啟示設計出具有結構演化能力和自適應學習能力的智慧。計算智慧算法主要包括神經運算、模糊運算和進化運算三大部分，神經網路和遺傳算法的出現，使得機器的運算能力大幅度提升，能夠更高效、快速處理海量的資料。計算智慧是人工智慧的基礎，AlphaGo 是計算智慧的代表。

感知智慧是以視覺、聽覺、觸覺等感知能力輔助機器，讓機器能聽懂我們的語言、看懂世界萬物。相比起人類的感知能力，機器可以透過感測器獲取更多資訊，例如溫度感測器、濕度感測器、紅外線雷達、光學雷達（lidar）等。感知智慧也是人

工智慧的基礎,機器人、自動駕駛汽車是感知智慧的代表。

認知智慧是指機器在計算智慧和感知智慧的基礎上,擁有主動思考和理解的能力,不用人類事先程式設計就可以實現自我學習,有目的地推理並與人類自然互動。在認知智慧的幫助下,人工智慧透過洞察世界上當前和歷史的海量資料之間的關係,不斷挖掘出有用的資訊,使自己的決策能力提升至專家水準,因而更好地輔助人類做出決策。認知智慧將加強人和人工智慧之間的互動,這種互動是以每個人的偏好為基礎的。認知智慧透過蒐集到的資料,例如地理位置、瀏覽歷史、可穿戴設備資料和醫療紀錄等,為不同個體創造不同的場景。認知系統也會根據當前場景以及人和機器的關係,採取不同的語氣和情感進行交流。但是機器想做到和人類順暢地溝通目前是很困難的,因為人類先有語言,才有概念、推理,所以概念、意識、觀念等都是人類認知智慧的表現,而機器還停留在自然語言理解最佳化上,機器實現以上能力還有漫長的路需要探索。

解釋完人工智慧的歷史、基礎能力後,相信大家對人工智慧已經有初步的認識。前文也透過智慧增強以及人機互動的發展歷史闡釋了以前的研究人員是如何看待人類和人工智慧友好相處的。那麼,人工智慧能否對設計和使用者體驗產生影響?影響究竟有多大?請看下一章。

第 1 章　人工智慧的定義與人機互動的發展

第 2 章

人工智慧對設計的影響

　　每個時代的設計都有不同的定義，農業和工業時代的設計更多是指設計師透過手工製作的方式闡釋自己對美感和藝術的理解；資訊時代的設計除了要考慮美感，還要考慮是否實用和好用。設計對象開始從真實世界轉向數位世界；設計思想開始考慮以使用者為中心的設計；設計方向也增加了很多領域，包括多媒體藝術、軟體設計、遊戲設計、網頁設計、行動應用設計等；設計工具不再只有紙和筆，各種設計軟體為設計師帶來更多靈感和便利。

2.1　人工智慧如何影響設計

在人工智慧時代下，AR 設計、智慧硬體設計逐漸發展，設計的改革更多考慮的是如何將真實世界和數位世界進行融合，如何在自己產品上更好地闡釋藝術、美感和實用性。可能大家覺得人工智慧離我們還很遙遠，但其實我們已經很早就在使用各種 AI 技術，例如郵件過濾、個性化推薦、語音轉變成文字、蘋果 Siri 和 Google Assistant、Bing 搜尋、機器翻譯等。所以隨著 AI 技術的成熟，設計必定會發生新一輪的變化。在未來如何做設計？我們可以透過這幾年的設計案例來推測未來 AI 技術對設計產生的影響。

2.1.1　深度學習降低設計門檻

相信大家對 Adobe 的 Photoshop 並不陌生，它是設計師手中的利器，但由於軟體的學習成本很高，使用並不容易，所以有不少設計新人望而卻步。2016 年，Adobe 發布了基於深度學習的 Adobe Sensei 平臺，它能夠利用 Adobe 長期累積的大量資料和內容，從圖片到影像幫助設計師解決在媒體素材創意過程中面臨的一系列問題，將重複工作變得自動化。

Photoshop CC 2018 增加了一鍵去背功能，解決了需要耐心、極度枯燥的去背工作。使用者只需兩步驟操作就能將主體選取出來：第一步按下工具列上的「選擇主體」按鈕，第二步

選中想要的主體，Sensei 就會主動分析影像中的主體與背景的關係，並且直接將主體選取出來。

Photoshop CC 2018 的一鍵去背功能

在 Adobe MAX 2018 大會上，Adobe 發布了一項名為 Fontphoria 的功能。在演示中，演示人員只需要設計一個字母，Fontphoria 就能透過深度學習技術把該藝術字體的風格複製到其他 25 個字母上，節省了字體設計師的大量時間。

此外，要從一張照片裡取出某個元素，再把它「神不知鬼不覺」地混入另一張圖片裡，也是一件很有難度的事情。2021 年獲得康乃爾大學博士學位的欒福軍和同事共同研發了一種名叫 Deep Painterly Harmonization 的算法，它透過局部風格遷移的方式把各種物體融合進畫作裡，而且是真的「毫無 PS 痕跡」。大量藝術家的心血，甚至藝術家自己，都慘遭它的「毒手」。

Deep Painterly Harmonization 使用案例

　　如果說圖片編輯工具 Prisma 風靡了整個 2016 年，這裡還有一個更驚豔的例子。FastPhotoStyle 是英偉達的圖片風格轉換工具，其中包含了將照片變為各種藝術風格的算法。只要提供風格照片和目標照片，該工具就能將風格照片上的風格特點遷移至目標照片上，效果簡直是以假亂真。

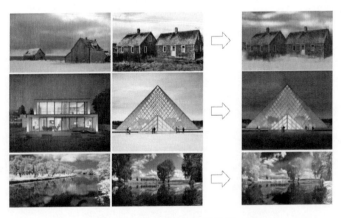

FastPhotoStyle 轉換效果

2.1.2 深度學習減輕畫師的工作量

　　每一部動畫角色在形象確認之前可能需要畫師畫上百張圖來定型，在製作二維動畫時每一幀畫面的變化也需要畫師一筆一筆畫出來。每一幅畫的背後，經歷了從草稿到線稿再到上色稿以及後期修正等各個階段，這些環節會耗費畫師大量的心血和精力。有些時候由於檔期的限制，我們會看到動畫由於製作時間緊張而出現畫面崩壞的情況，其實不是製作公司和畫師不想畫好，而是畫師真的太辛苦了。

　　2016 年日本早稻田大學公開了一個自動描線的技術，這項技術能夠自動辨識圖像並確定圖像的具體輪廓而完成描線的工作，即便是衣物線條這類很複雜的草稿也可以完美地一口氣轉化成為線稿。目前這項自動描線技術僅作為早稻田內部的研究計畫，不過隨著技術的成熟早晚會有一天針對畫師開放。

早稻田大學的自動描線技術

　　對很多沒有繪畫經驗的人來說，繪畫是非常困難的，更困難的是為繪畫選擇和諧的色彩，即使是相似的顏色，其中的差異也會對繪畫結果產生巨大的影響。有家名叫 Preferred Networks 的日本 AI 創業公司把超越 Google 當作自己奮鬥的目標。在漫畫線稿上色 AI 這個領域，他們研發的 PaintsChainer 幾乎可以算是標竿。PaintsChainer 操作非常簡單，使用者選好線稿上傳，自行選擇顏色並塗在相應區域，PaintsChainer 會根據圖像和提示的顏色即時自動為新圖像上色。

PaintsChainer 的自動上色

　　Google I/O 2018 大會上，Google Photos 發布了一系列的功能改進，包括給黑白老照片自動上色的 AI 修圖功能。使用者只需要將黑白照片上傳到 Google Photos，就能一鍵看到上色效果，而且效果非常自然。Google 除了研發出給黑白照片上色

的 AI 機器人，同時也在研發一款為黑白影片上色的 AI 機器人。研究人員可以從彩色影片裡截取某一幀作為參考，然後把該影片轉換成黑白影片，再利用他們開發的 AI 機器人，依據參考幀的顏色，將剛才的黑白影片還原為彩色影片。

Google Photos 為黑白老照片自動上色

　　日本有位名叫 Hiroshiba 的開發者搭建了一個網站 Girl Friend Factory，它能設置不同的人物屬性，例如五官、髮型、髮色、眼睛的顏色、表情甚至是服裝、裝飾物，透過 GAN（generative adversarial network，生成對抗網路）生成不同的二次元頭像。雖然該技術還不是很成熟，有些頭像會有明顯的扭曲，但相信隨著技術的完善，它可以使畫師的繪畫製作成本進一步降低。

Girl Friend Factory 自動生成二次元頭像

在區塊鏈（blockchain）領域，有個名叫 Crypko 的區塊鏈遊戲震撼了整個二次元圈，其遊戲玩法跟之前流行的「謎戀貓」（CryptoKitties）非常類似：Crypko 在前期透過收集網路上的不同插畫作品，利用 GAN 神經網路將兩張不同風格的插畫作品的特點進行融合，自動生成一張新的插畫作品。後期使用者可以透過租賃或者購買的方式獲取想要的插畫，再與自己已有的插畫進行融合，生成新的插畫。

2.1.3　AI自動生成高品質逼真場景

你可能不相信，下面這張高解析度、逼真的圖像是 AI 合成的。CG 要達到這樣真實的效果，需要建模、定材質、貼圖、上燈光和渲染，工作量極大。這張逼真的圖像來自香港中

文大學聯合英特爾視覺計算實驗室的最新成果，他們共同研究出了一種半參數模型，簡稱為 SIMS，相關工作論文〈Semi-parametric Image Synthesis〉已被 CVPR 2018 收錄。這項技術主要思考方向是先用大型真實圖像資料庫訓練非參數模型獲得一個合成素材庫；然後利用語義布局分析虛構場景裡有什麼，再把這些素材填充進去；最後在接縫的地方，深度神經網路會計算好不同素材之間的空間關係，給予適當的光影關係，合成一幅逼真的圖片。

AI 合成的高解析度、逼真的圖像

在電影裡，雖然空間和場景設計都不算是核心，但每一個細節都可能影響整部電影的品質；同理，沉浸感很強的 VR 也會面臨這個問題。隨著 AI 渲染環境技術的成熟，高品質、低成本創造真正模擬現實世界的遊戲場景將成為可能。SIMS 的第二

作者陳啟峰已經開始嘗試利用這套算法來替換《俠盜獵車手 V》（*Grand Theft Auto V*）裡的遊戲場景。

　　來自英偉達和 MIT 的研究團隊，在 2018 年 8 月發布了迄今最強的 AI 高解析度影片生成網路 —— vid2vid。它不僅能做到自動合成街景的效果，而且能透過一個簡單的素描草圖，生成細節豐富、動作流暢的高解析度人臉。你只需要勾勒出人臉輪廓，系統就能自動生成一張張正在說話的人臉。你不僅可以定製人物的臉色和髮色，甚至可以更換人物身後的背景。除了自動合成與人臉相關的影片，vid2vid 還能合成與人體動作相關的影片。只需要對下圖左側的人體模型進行調整，無論是姿勢還是身高、胖瘦，右側都能生成一個真人影片。在未來，AI 除了能幫我們簡化場景設計，還能為我們簡化各種配角設計。

vid2vid 自動生成人臉的效果

2.1.4　平面照片轉換成三維立體頭像

　　要將使用者帶入虛擬世界，需要為每一位使用者提供一個數位化身分，如何為每位使用者定製個性化形象將成為設計難題。視覺特效藝術家 Mahesh Ramasubramanian 和 Kiran Bhat 推出了一款智慧 3D 模型軟體 Loom.ai。透過機器學習和電腦視覺技術，使用者只需要上傳一張照片，Loom.ai 就能對整個頭部進行建模並辨識照片中的臉部細節（至於照片中無法獲得的資訊，人工智慧會自動進行填充），最後直接生成一個高保真的三維立體頭像。

　　創辦人表示他們的技術能做到以下 5 點：

1. 媲美 3D 掃描的視覺保真度。

2. 頭像是可動的，像動畫人物一樣。

3. 算法生成 3A 級臉部肌肉，自動契合不同臉型。

4. 頭像可以透過嘴巴、眼睛、臉部肌肉的活動做出各種表情，表現豐富的情感。

5. 去除照片光線，生成的頭像可以融入各種光線環境，產生不同光照效果。

2.1.5　讓 AI 接手繁雜專業的圖文排版設計工作

　　當今富媒體內容越來越多，包括了各種內容繁雜的圖像和文字資訊，其中圖文混排布局的內容模式已經成為主流。在內容創作的過程中，設計師面臨的巨大挑戰是如何透過內容多樣的圖像和文字資訊構建吸引目光的版面（例如雜誌封面、海報、PPT 等）。這個問題無論對於商業印刷品、線上期刊、雜誌，還是使用者生成的內容表達來說都極為重要。圖文內容的排版涉及大量的專業知識，包括視覺傳達、資訊藝術設計、色彩與美學、平面規劃、幾何構圖等。以往的圖文排版設計工作，不僅需要具有豐富專業知識的設計師，而且還耗費大量的人工。如何讓電腦根據圖文內容來自動進行排版是一個非常困難的問題。

　　Flipboard 是一款致力於打造世界上最好的個性化雜誌的應用。2014 年，Flipboard 開發了一款名叫 Duplo 的頁面布局引擎，它透過模組化和網格系統快速把內容放入各種尺寸的幾千種頁面中，解決不同螢幕尺寸下的圖文排版問題。Duplo 內置了 2,000 ～ 6,000 套布局模板。在自動化排版過程中，Duplo 透過頁面流（page flow）、填滿現有框架所需文字數量（amount of text to fill the given frame）、隨著視窗尺寸改變內容的一致性（content coherence across window resizes）以及圖片特徵檢測、寬高比、拉伸、裁剪（image feature detection, aspect ratio, scale, crop）等多個獨立加權的探視

程式來計算內容和模板的最佳組合；確認合適的布局後，Duplo會對字體進行適當的調節，並使標題、正文和圖片按照基準線網格呈現，最後生成一個精緻的、考慮周全的頁面。

在中國，來自微軟亞洲研究院和清華大學美術學院的研究學者開創了「視覺文本版面自動設計」這一新的研究方向。他們把設計學中的審美原則與可運算的圖像特徵相結合，提出了一個可運算的自動排版框架原型。該原型透過對一系列關鍵問題進行最佳化（包括嵌入在照片中的文字的視覺權重、視覺空間的配重、心理學中的色彩和諧因子、資訊在視覺認知和語義理解上的重要性等），並把視覺呈現、文字語義、設計原則、認知理解等專業知識匯集到原型內，最終生成的圖文排版深度融合了多媒體與藝術設計以及顏色心理學幾個不同學科的知識。這項研究將通用的美學感知進行了系統的數學表達，用人工智慧的方法進行藝術設計，獲得了 2017 Nicolas D. Georganas 最佳論文獎。

視覺文本版面自動設計案例

2.1.6　透過神經網路設計圖自動轉換為代碼

　　如何透過程式設計實現自己的設計？這應該是很多設計師的目標，但也是很多設計師的噩夢，因為學習程式設計開發是一件相對吃力的事情。相信很多設計師都有將圖片直接生成代碼的美好設想。哥本哈根的一家初創公司 UIzard Technologies 將這美好設想變成了可能。他們訓練了一個神經網路，計畫名為 pix2code，能夠把圖形使用者介面效果圖轉譯成代碼行，成功為開發者們分擔了部分網站設計流程。令人驚嘆的是，同一個模型能跨平臺工作，包括 iOS、Android 和 Web 介面，從目前的研發水準來看，該算法的準確率達到了 77%。

　　比辨識效果圖自動生成代碼更瘋狂的是，一名在 Insight 工作的工程師 Ashwin Kumar，為了簡化整個設計工作流程、縮短開發週期，自行開發了一個名為 SketchCode 的卷積神經網路，它能夠在幾秒鐘內將手繪網站線框圖轉換為可用的 HTML 網站。2018 年 8 月微軟也開源了相似的技術 Sketch2Code。相信在未來數年內，深度學習將改變前端開發，它將會加快原型設計速度，降低開發軟體的門檻，每一位設計師都有可能獨立建設自己的網站。

SketchCode 能夠將線框圖轉換為 HTML 網站

2.1.7 大數據驅動情感化設計

2017 年，一首容納了千萬傷心事、非常特別的歌曲 Not Easy 衝上了 Spotify 全球榜第 2 名，這首歌的主創是葛萊美獲獎製作人 Alex Da Kid，最特別的地方在於它的共同創作者還有 IBM Watson。在 Watson 的幫助下，Alex 很快完成了整首歌的創作，演繹出「心碎」這種複雜、多種狀態的情緒，聽說很多人在這首短短 4 分鐘的歌曲裡聽見了屬於自己的心碎時刻，不禁落淚。

在這次合作的主題創作階段，Watson 的語義分析 API——alchemy language 對過去 5 年的文本、文化和音樂資料進行了分析，從中捕捉時代的熱點話題以及流行的音樂主題，幫助 Alex 鎖定了這次音樂創作的核心——「心碎」；在歌詞創作階段，Watson 的情感洞察 API——tone analyzer 分析了過去 5 年內 26,000 首歌的歌詞，了解每首歌曲背後的語言風格、社交流行趨勢和情感表達，同時分析了部落格、推

特等社群媒體上的使用者原創內容（user generated content, UGC），了解受眾對「心碎」這個主題的想法和感受；在樂曲創作階段，Watson Beat 分析了 26,000 首歌曲的節奏、音高、樂器、流派，並建立關係模型幫助 Alex 發現不同聲音所反映出的不同情感，探索「心碎」的音樂表達方式；在最後的專輯封面設計階段，設計師要如何表現「心碎」？Watson 色彩分析 API —— cognitive color design tool 分析了海量專輯的封面設計，啟發 Alex 將音樂背後的情緒表達轉化為圖像和色彩，完成了專輯封面製作。

2.1.8　機器學習改變賽車底盤設計

Hack Rod 是一家位於洛杉磯的初創公司，他們希望創造世界上第一輛用人工智慧構建並在虛擬實境環境中設計的汽車。Hack Rod 團隊製作了一個具有幾何結構的汽車底盤，並將數百個感測器安裝到汽車和司機身上，在測試過程中感測器捕獲到 2,000 萬個關於汽車結構和作用力的資料點，這些資料可以反映影響汽車和司機的物理量究竟是什麼，之後傳送到歐特克（Autodesk, Inc.）的 Dreamcatcher 重新生成新的底盤設計。一旦最終設計被選定，它會被移交給歐特克的 Design Graph。Design Graph 是一款機器學習搜尋應用，它會為每一個虛擬零件提供建議使得零件符合真實汽車製造標準。

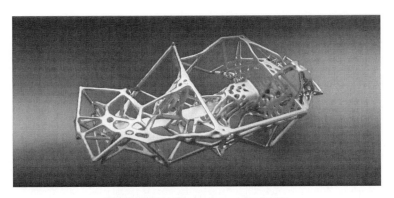

機器學習設計的 Hack Rod 汽車底盤

不知道你有沒有注意到一個不尋常的特徵，Hack Rod 的底盤左右兩側不是完全對稱的，這是有道理的。在固定賽道中，賽車會頻繁地沿著某個方向轉圈，因此它的底盤兩側受力有很大不同。雖然設計師很早就有這個意識，但是他們一直無法設計出正確的不對稱賽車底盤。

在整個底盤設計過程中，透過人工智慧構建、虛擬實境設計、3D 影印製造的流程能大大降低汽車生產的時間和預算成本，Hack Rod 的創辦人兼創意總監麥考伊（Mouse McCoy）接受採訪時說過：「當你開始加入人工智慧和機器學習時，就像有 1,000 名工程師為你工作，而所花的時間僅是曾經的一小部分，你能以無與倫比的速度來決定你的最終產品，這就是製造的普遍化。」

2.1.9　社交資訊預測時尚潮流

　　以時裝為代表的時尚設計往往給人一種熱情、充滿藝術的感覺；而算法、邏輯、程式等技術往往給人一種冰冷、理性的感覺。當服裝設計師遇上人工智慧，兩者會擦出什麼樣的火花？在澳大利亞墨爾本廣受認可的時裝設計師 Jason Grech 與 IBM Watson 合作，著手打造了 2016 年墨爾本春季時裝週上的首款認知高級時裝系列。Jason 透過 Watson 的「視覺辨識」技術捕捉過去 10 年的 T 臺時尚圖像和即時的社交資訊，從中汲取新的靈感並預測出新的潮流趨勢。同時，熱愛建築的 Jason 嘗試將建築圖像與時尚圖像相互匹配，從建築的線條、曲線稜角和紋理中尋獲靈感，完成了最新的高級時裝系列。

2016 年墨爾本春季時裝週認知高級時裝系列

2.1.10 AI提高建築設計效率

　　一般來說，建築設計主要包括以下幾個步驟：拿地方案（爭取土地）、概念設計、方案深化、初步設計和施工圖設計。其中，拿地方案、概念設計只占整個專案的40%，但卻需要投入50%的精力。為了解放建築設計師，小庫科技研發了一套智慧設計平臺，可以利用機器智慧快速地幫助設計師完成拿地方案、概念設計等環節的方案設計，提升整個設計前期的效率。設計師只需要透過三步驟操作，小庫智慧設計平臺就可以在100秒鐘內生成上千個優質方案，同時智慧地推薦9組最能滿足設計需求的方案，大幅度提高了建築設計效率。同時，設計師只需要往小庫的智慧審圖導入平面圖，即可自動生成三維方案模型，生成的方案可以達到99.9%的合格率，貨值[01]最大化準確率為95%。

　　從上述的修圖、繪畫、自動排版、自動生成場景和形象、時尚服裝設計多個案例可以看出，這幾年AI在效率、技法和想法上不斷影響著設計的創意發散與執行。同時，數位化的創意不僅僅是模仿和漸進，除了能對人類已然做成的事情進行延伸和組合，電腦還能提出更多的創意。我們可以樂觀地認為，當電腦熟諳我們累積的科學和工程知識，並且得悉具體情況的性能要求，或者有足夠的資料來確定這些要求時，它們就能提出我們意想不到的新穎方案。

01　貨值是指以貨幣計算的生產、銷售等經營產品和貨物的總價值。

2.2　人工智慧對使用者體驗的影響

除了影響設計，最近兩年人工智慧技術在金融、安全、交通、醫療、公共服務和製造業等領域逐漸發展。隨著技術的成熟，人工智慧將會在更多領域影響人類的生活和工作。以人為本的人工智慧設計會變得更加重要。本節會從安全性、效率、易用性、場景化、個性化五個方面闡述人工智慧如何改善現有的產品和使用者體驗，這五個方面存在著各種聯繫並相互影響。

2.2.1　安全性

越接近系統底層的技術越影響使用者體驗，例如手機中毒或者資訊被盜都會對使用者產生巨大影響；如果關係到國家安全，整個社會的秩序都會被擾亂。所以安全性是產品以及使用者體驗的基礎。

iPhone X 使用了安全性更高的 Face ID，Face ID 是透過人臉辨識技術進行的生物特徵認證。蘋果表示，Touch ID 的指紋辨識被相同指紋破解的機率是五萬分之一，而 Face ID 的臉部辨識被相同面貌破解的機率為一百萬分之一，iPhone 使用者身分破解的難度整整提升了 20 倍。

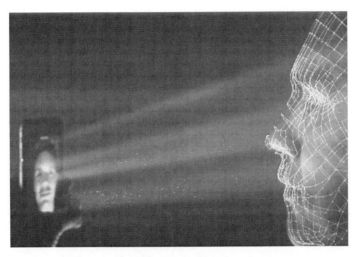

蘋果的 Face ID 技術

　　人臉辨識不僅可以提高安全性，同時可以提高使用者體驗。百度錢包和友寶合作了一款人臉辨識自動售貨機，使用者購買商品時可以透過「刷臉」的形式進行支付，全程不需要掏出手機進行解鎖、打開應用、掃碼等繁瑣的操作，只需要在攝影機前露個臉，商品就會從貨架上自動掉下來，體驗非常棒。尤其是在使用者不方便攜帶手機的健身房，如果放一個人臉辨識自動售貨機，可以大大提高健身房整體的使用者體驗。

　　除了「刷臉」支付外，百度也將人臉辨識技術用在安檢上。刷工作證才能進入百度辦公區域已成為過去，員工還可以透過「刷臉」的形式自由進出辦公區域，再也不用擔心因為忘記帶工作證而出入不便了。

　　此外，以往人口流動頻繁的地方需要查驗身分來確保公共安全，查驗身分需要大量的人力和時間，如果遇上連假等情況，工作人員一時忙不過來甚至可能會導致乘客滯留坐不上返家的火車。最近海關、高鐵站和機場陸續使用了人臉辨識技術進行身分辨識，乘客只需要透過人臉辨識和刷指紋就能完成安檢。另外，英國倫敦的希羅斯機場和美國紐約的甘迺迪機場正準備試用一種新的 CT 掃描儀，可以直接將行李箱裡的東西 3D 成像，工作人員只要對著觸摸螢幕放大或旋轉圖像，就可以 360°無死角地看清你包裡放的是什麼。經過幾百萬張圖片的圖像辨識訓練，新的 CT 掃描儀可以自動檢測出爆炸物、槍枝或其他禁止攜帶的物品。曾經需要好幾分鐘完成的事情如今可以在幾秒鐘內完成，大大提高了安檢效率，也使乘客等待的時間大幅度減少，體驗提升。

運用人臉辨識的安檢系統

2.2.2 效率

即時性

　　在以往的重要直播上，影片會顯示即時字幕，這是透過給原有直播信號增加 5～10 分鐘的延時，速記員在這短暫的時間內快速整理並輸出字幕，但這需要消耗多名速記員的大量體力和腦力。

　　在人工智慧時代下，運算能力和算法不斷提升，電腦可以做到即時反饋結果。語音辨識準確率高達 97%，透過語音辨識和自然語言處理技術，每場直播都能實現低成本、零延遲的即時字幕。有些直播還會在影片旁邊顯示已有的字幕，方便使用者隨時瀏覽過去的內容，對於經常不在座位旁但需要了解直播內容的使用者來說，這是很棒的使用者體驗。

搜狗執行長王小川演講時顯示的即時字幕

　　此外，如果直播要以多國語言進行，需要會場上配置多名同步口譯員，成本大幅度提升。相比速記，同步口譯更加消耗翻譯人員的體力和腦力，所以你會發現一場直播上最少會有兩名同步口譯員定期更換。隨著直播時間的增長，越到最後翻譯品質越得不到保證，這對觀眾來說並不是一件好事。而在人工智慧時代下，電腦不僅能做到即時字幕，同時也能做到即時翻譯。即時翻譯不僅能大幅度降低同傳翻譯的工作難度，同時也能確保翻譯的品質和觀眾的觀看體驗。

　　而在會場中，觀眾可能會遇到這樣的問題：使用同步口譯設備需要抵押證件或現金，觀眾難免會擔心自己的證件會被弄丟。我相信這個問題很快能解決：不久的將來觀眾可以使用自己的手機和耳機充當同步口譯設備，不再需要抵押證件，保證自己在會場上的體驗和感受。2017 年，Google 推出了 Pixel Buds 耳機，這款耳機能夠即時翻譯 40 種語言，跨語言溝通不再是難事，它也被稱為《銀河系便車指南》（*The Hitchhiker's Guide to the Galaxy*）中的「巴別魚耳塞」[02]，同時這項技術被納入 2018 年《麻省理工科技評論》的「全球十大突破性技術」。

02　巴別魚耳塞：在《銀河系便車指南》中，你只要將巴別魚耳塞塞進耳朵裡就能理解任何語言。

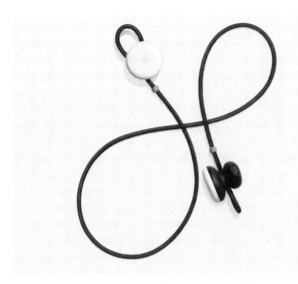

Google 推出了 Pixel Buds 耳機

　　Google I/O 2018 大會上，Gmail 推出了一項旨在幫助使用者以前所未有的速度撰寫和發送電子郵件的新功能，名叫智慧預測拼寫（Smart Compose），該功能利用機器學習，互動式地為正在寫郵件的使用者提供補全句子的預測建議，因而讓使用者更快地撰寫郵件。該功能使用起來非常簡單，Google 將根據上下文即時預測相關內容，並以灰色文本顯示在游標後面，使用者點擊 tab 鍵接受建議後，建議就能直接補全句子。此外，智慧預測拼寫功能僅需幾十毫秒的預測時間，使用者幾乎感受不到任何延遲。此外，Google 還在研究個人語言模型，以便更準確地模擬每位使用者的不同寫作風格。

減少流程

　　透過語音辨識、自然語言處理、知識圖譜等技術，語音操作開始普及。語音操作可以簡化指令型操作，例如設置鬧鐘。以往設置一個手機鬧鐘需要完成「解鎖 - 尋找應用 - 打開應用 - 添加鬧鐘 - 設置上下午 - 設置小時 - 設置分鐘 - 設置是否重複 - 保存 - 退出鬧鐘應用」10 步驟操作；現在透過說出「每天早上 6：30 叫我起床」一句話就能把一個鬧鐘設置好，大大減少了操作流程。對於不熟練使用手機的老年人來說，語音操作簡直就是上天賜予的禮物。

　　小米 MIUI 推出了一項名為「傳送門」的功能，使用者可以透過長按操作，觸發系統對長按的內容進行分析，智慧匹配出百科、商品、書籍、地點、翻譯等資訊，並即刻把相關的回饋資訊傳送給使用者，大大地提高了跨應用程式獲取資訊的效率。「傳送門 2.0」還增加了辨識圖片的功能，可以辨識出名人、動物、植物、名畫、電影海報等分類，使用者可以在相冊、微信等應用程式裡對圖片進行圖像辨識，獲取更多有價值的資訊。

　　去超市購物，最心煩的事情是什麼？可能很多人會回答：排隊結帳。的確，排隊等待確實很耗時間，誰不想拿了就走？2017 年亞馬遜推出了顛覆傳統超市營運模式的無人超市 Amazon Go，Amazon Go 使用電腦視覺、深度學習以及感測器融合等技術自動辨識顧客的動作、商品位置以及商品狀態，

顧客拿到商品後無須排隊結帳就能直接離開商店,離開時顧客的智慧手機會自動結算並收到相關帳單。Amazon Go 減去了顧客在超市裡的排隊結帳流程,使得顧客擁有更好的購物體驗。

無人超市 Amazon Go

深圳市寶安國際機場攜手微信支付正式推出「微信無感支付」停車場,基於「微信車主服務」和停車場的車牌辨識系統兩方面能力的結合,將車輛進出停車場的時間縮短了 80%,實現了入場無須領卡、離場無須掃碼的體驗。在高速收費站場景裡,微信、支付寶也啟動了高速收費站無感支付。無感支付為使用者帶來了通行體驗的升級,同時節省了使用者大量的等待時間。

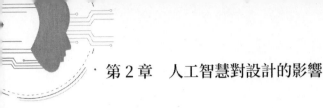

2.2.3　易用性

降低複雜度

　　除了前文提到的一鍵去背功能，Adobe 發布的 Adobe Sensei 平臺還能夠讓 After Effects 支持影片內的人臉辨識和物體辨識，設計師可以直接為演員戴面具或者增加其他特效，以及為演員的衣服替換顏色。Adobe Sensei 使設計工具的學習門檻和製作成本大幅度降低，設計師能有更多的時間去思考和表達創意。

　　視障人士使用手機是一件非常麻煩的事情，因此 Android 和 iOS 提供了相應的螢幕閱讀服務 TalkBack 和 VoiceOver，讓視障人士可以「聽見」網站或 App 裡的內容。但問題來了，目前應用市場上的大部分應用與螢幕朗讀軟體不太相容，視障人士使用時體驗不佳。調查發現，因為視障人士出門購物十分不便，他們最大的渴望就是像普通人一樣在電商世界裡順暢地瀏覽、愉快地閒逛以及尋找最佳價格。而電商購物網站中，促銷資訊、商品介紹透過圖片來展示已成為一種普遍現象，這對於使用螢幕朗讀軟體的視障人士而言，則是一個「災難」。以下是他們在應用裡的體驗和感受。

視障人士的電商體驗

錘子科技為了解決這個問題，創造性地將 OCR 技術與系統的資訊無障礙最佳化進行結合，視障人士可以透過系統級別的文字辨識功能，來獲取螢幕上的按鈕或者圖片中的文字資訊，以及獲取購物網站上的促銷資訊。錘子推出的「無障礙模式」降低了各類應用程式對視障人士造成的資訊阻礙。

同時，Smartisan OS 4.1 匯集了可大幅降低使用者操作步驟的批次處理命令功能。透過簡單的語音命令，即可完成複雜步驟的命令操作，大幅提升操作效率。如說出語音命令「微信付款碼」，即可直接打開微信付款碼介面，節省了多個步驟的操作。視障使用者在各種電商促銷也可以更加順暢地購物了。

準確性

Google 是最早提出並使用知識圖譜的搜尋引擎。透過構建知識圖譜的方式，Google 為人物、書籍、電影等現實事物建立關聯，並將搜尋結果進行知識系統化。任何一個關鍵字都能獲

得完整的知識體系，例如搜尋 Amazon，一般的搜尋結果會顯示 Amazon 購物網站，但 Amazon 並不僅僅是一個網站，它還是全球流量最大的 Amazon 河流，Google 期待能夠將所有的結果透過「知識圖譜」模組展示出來。透過知識圖譜技術，使用者將會獲得更佳的搜尋體驗，並且能夠更快、更簡單、更準確地發現新的資訊和知識。

Google 的知識圖譜

即時教程

AR 技術將會讓產品說明失去存在的價值。紙本說明書通常需要使用者去讀取文字資訊和圖片註解，而 AR 技術可以辨識對象，並在此基礎上疊加文本或影片說明。AR 眼鏡將協助使用者實現最好的體驗，使用者可以解放雙手，在操作的同時，即

時查看說明資訊。其實 AR 使用手冊在 1992 年已經開始投入使用，波音公司開發的頭戴式顯示系統就能幫助工程師組裝電路板上的複雜電線束。

AR 使用手冊

2.2.4　場景化

　　場景包括使用者背景、使用者情感、時間、空間資訊、與上下文相關的背景知識，如何透過人工智慧技術實現場景化是人工智慧最能展現價值也是最難攻克的重要部分。目前的人工智慧產品只能透過人為設計去解決比較簡單的場景問題，還沒達到真正的智慧階段。個人認為，知識圖譜是人工智慧解決場景化的重要方法之一，透過知識圖譜去構建使用者的歷史背景，了解使用者與周圍事物、產品之間的互動和關係，有助於

人工智慧系統找到最佳的答案反饋給使用者。

　　Google I/O 2018 大會上，Google 發布了 Google Duplex 人工智慧語音技術，它可以透過打電話給人類並用自然的對話完成一系列真實世界的任務；同時，Duplex 採用了 Deepmind 的 Wavenet 技術，使機器的聲音與真人基本無異。在現場，Google 執行長桑達爾· 皮查伊（Sundar Pichai）讓 Google Duplex 現場打電話給美髮店預約理髮時間，店員完全沒有發現跟她聊天的是一個機器人。以下是 Google Duplex 和美髮店店員的溝通記錄：

> 店員：您好。
>
> Duplex：您好，我想幫我的客戶預約一個理髮時間，請問 5 月 3 號可以嗎？
>
> 店員：好的，請稍等一下。
>
> Duplex：嗯哼。（引起了發布會現場的大笑。）
>
> 店員：好的，您想約幾點呢？
>
> Duplex：中午 12 點。
>
> 店員：12 點不行，最接近的是下午 1 點 15 分。
>
> Duplex：上午 10 點到 12 點之間可以嗎？
>
> 店員：那要看具體做什麼了，您知道她要什麼服務嗎？
>
> Duplex：就簡單的洗剪吹。
>
> 店員：那 10 點可以。
>
> Duplex：好，那就 10 點。
>
> 店員：好，她叫什麼名字呢？

Duplex：她叫麗莎。

店員：好的，那我們 5 月 3 日 10 點見。

Duplex：太好了，謝謝。

　　從以上對話的內容可以看出，Duplex 在熟悉使用者基本資訊和行程安排的情況下能夠和美髮店店員進行交流，並根據上下文的理解提供不同的反饋。儘管目前人工智慧還做不到對全部場景進行理解、掌握一般對話的能力，但是它已經能為使用者完成一些特定的任務，幫助使用者解決更多的個性化需求。在未來它就跟貼身助理一樣，會成為你生活的一部分。

2.2.5　個性化

　　所謂千人千面，每個人都有自己個性的一面，如何滿足每一位使用者的個性化需求是每個產品最想也是最難實現的功能。抖音就是行動網路中最成功也是最「有毒」的產品，它透過個性化推薦技術滿足了使用者的好奇；使用圖像辨識和 AR 技術降低了使用者製作影片的門檻，讓使用者低成本製作符合自己個性的影片；最後透過精準的使用者定位和營運策略獲得了使用者的火箭式成長。

　　手機百度的標語是「手機百度看資訊，千人千面大不同」。其借助百度強大的自然語言處理、知識圖譜和深度學習等技術，為 6 億使用者標記上百萬個標籤，並且能夠根據不同使用者的使用行為、場景、個人興趣等標籤推薦給每一個使用

者不同的資訊內容，使用者能更便捷地獲取資訊。

　　在英國，每週末約有 150 萬人進入各地的體育館，體驗現場體育賽事的快感。由於球賽瞬息萬變，球迷在現場很難用自己的手機捕捉到激動人心的時刻。英國有家名叫 Snaptivity 的科技公司注意到了這一點，它希望能幫助球迷捕捉到球迷想要的瞬間。Snaptivity 把自動攝影機以及物聯網（Internet of things, IoT）傳感網路遍布了整個體育場，這些設備只需不到 10 秒即可完成整個體育場的掃描，並且能夠準確定位每一位球迷的座位，同時 Snaptivity 研發的 AI 人群追蹤技術能預測下一個重要時刻將在何時何地降臨，攝影機會把球迷充滿絕望、贏得勝利等時刻都抓住。球迷只需要在 Snaptivity 的 App 上輸入自己的座位號碼，屬於你的難忘時刻就會直接發送至你的手機，使用 Snaptivity 拍攝的照片分享率和點贊率提高了 3 倍以上，這家為球迷帶來前所未有體驗的 Snaptivity 公司也獲得了 2018 年坎城國際創意節（Cannes Lions International Festival of Creativity）行動類金獎。

2.3 結語

　　現在 PC 和行動設備的使用者介面更多是獲取資訊的入口，越簡單越扁平的設計，越有助於使用者高效率又便捷地獲取資訊，這也是為什麼幾年前擬物化設計逐漸被扁平化設計取代的原因。隨著 AI 技術的成熟，更多領域將實現電子化和資訊化，透過數位孿生技術（digital twin），電腦使用者介面除了獲取資訊，還會承擔更多的角色，例如在農業、工業、服務業等領域成為新的勞動力。電子世界將會一步步地與真實世界進行融合，人類和機器的關係將越來越密切。

　　在這樣的趨勢下，數位扁平化設計不一定是最好的設計（因為它更多的是二維介面的產物），數位三維空間設計將重新回到大眾的視野，人機互動也將從電腦二維介面拓展到真實世界，人類和機器如何更好地互動與合作，將是人機互動的一大挑戰。

第 2 章　人工智慧對設計的影響

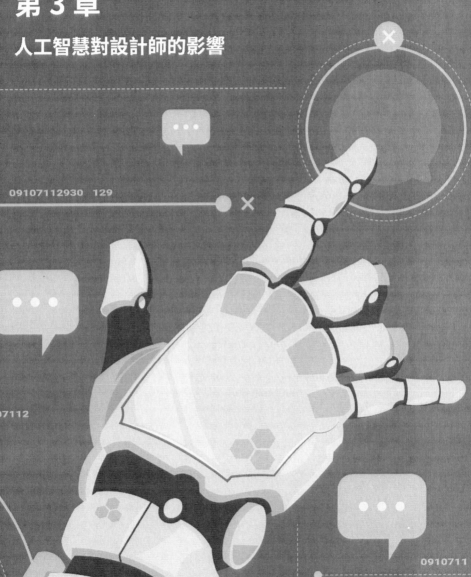

第 3 章

人工智慧對設計師的影響

3.1　哪些設計容易被人工智慧取代？

第 2 章從多個方面講述了人工智慧對設計的幫助和影響，這也意味著人工智慧會向設計師發出更多的挑戰。那麼，什麼樣的設計容易被人工智慧取代？我總結了三個方面：

1. 透過訓練就能掌握的設計技法。
2. 由資料支援、可模組化的設計。
3. 更自然的互動。

3.1.1　透過訓練就能掌握的設計技法

現在熟悉並掌握 PS、AE 等複雜設計工具的門檻越來越低。Adobe 深度學習平臺 Sensei 將 AI 技術用在自家產品上，去背、更換光源等曾經需要慢慢雕琢才能達到「毫無 PS 痕跡」的操作都能一鍵解決，極大地降低了這些工具的學習門檻和設計師的時間成本。

此外，圖片處理應用 Prisma 透過深度學習將一張圖片的風格特徵分析出來，例如上色技法、筆觸技法、乾濕畫法等，然後毫無保留地將其遷移至另外一張圖片。因此，透過長時間就能完成的臨摹工作也會被人工智慧取代。

現在各行業的設計需求越來越多，與此同時設計師的人力成本居高不下，如何滿足各行業的設計需求成為一個難題。阿里在 2017 年「雙 11」期間為商家製作了 4 億張海報，背後的

功臣是名叫「鹿班」的 AI 設計應用。鹿班的原理是阿里設計師將自身的經驗知識總結出一些設計手法和風格，再將這些手法歸納成一套設計框架，讓機器透過自我學習和調整框架，演繹出更多的設計風格。除了鹿班，阿里還開發了一個短片生成機器人 Allwood，它透過整合圖文內容的方式自動生成 20 秒帶有配樂的短片，幫助商家降低製作影片的成本。鹿班和 Allwood 將滿足大部分業務的營運需求，不需要太多獨創性的純體力工作將會被人工智慧取代。

整體而言，在人工智慧時代，可被程式化的重複性工作、僅靠記憶與練習就可以掌握的技能將是最沒有價值的，幾乎可以由機器來完成。

3.1.2 由資料支援、可模組化的設計

現在很多產品的功能已經被模組化，在專案裡設計師會總結出一套完整的設計規範，後續設計師只需要根據需求使用不同的模組以及對應的設計規範來組裝產品即可。Airbnb 研發了一個名叫 Sketch2code 的機器學習工具，它能直接將設計師的手繪原型轉換成 UI 設計稿和對應的代碼，加快了整個開發週期。如果使用者需求能被模型化，人工智慧也能自主完成相應的產品設計。

那麼使用者需求是否能被模型化？部分使用者需求可以被模型化。這裡我們需要回顧一下使用者體驗設計流程是怎樣的：

　　首先使用者研究人員根據大規模人群的使用資料總結出使用者的行為，並將通用的規律交由設計師進行處理，設計師根據結論最佳化對應的流程和元件設計。如果說產品的最佳化依賴於使用者資料，而使用者資料更多是電腦的產物，那麼在資料分析上電腦有可能比人類做得更好，因為人類的學識、能力和精力都是有限的。在海量資料面前，由於各種主觀因素導致使用者研究人員有可能會忽略一些細節，很難站在全局看待所有的資料；但是電腦的精力是無限的，當技術成熟，在資料分析上電腦會略勝一籌。

　　心理學也是研究使用者需求的學科之一。最近，DeepMind開了一個心理學實驗室 Psychlab，它能夠實現傳統實驗室中的經典心理學實驗，讓這些本來用來研究人類心理的實驗，也可以用在 AI 智慧體上。當後續心理學可以被量化時，電腦能將心理學變成模型，那麼電腦就能更完整地分析出使用者想要什麼。

　　整體而言，由於各種限制，設計師無法做到為每名使用者量身定製不同的個性化功能；但是人工智慧可以做到。人工智慧根據不同使用者的歷史資料和需求為每一位使用者改變功能，實現「千人千面」。

3.1.3　更自然的互動

　　自然語言處理的成熟使語音互動能力逐漸成熟，電腦視覺的成熟使電腦能夠容易地辨識人類的肢體語言，人類可以用更自然的方式和電腦進行互動，自然而然不需要這麼多設計師來設計介面了。

　　以上的案例也說明了一點，人工智慧即使不懂審美，也可以替代人類生產可被公式化（規範化）的設計。可被公式化的設計說明這些設計是已成熟的、有規律的（可以建立模型）、受限制的（具有參數）、可量產的。整體而言，人工智慧的成熟對於大部分設計師來說簡直是災難性的打擊，之前無論是透過技法還是資料分析才能完成的工作，人工智慧一下子就可以完成，後續根本不需要這麼多設計師來完成這些工作。那麼設計師是否會被人工智慧取代？

3.2　設計師與人工智慧

3.2.1　人類與人工智慧

設計是為了解決問題。從定義上來講，人工智慧能夠使機器代替人類實現認知、辨識、分析、決策等功能，其本質是為了讓機器幫助人類解決問題。也就是說，人工智慧在一定程度上也是一種設計，它會創作出與人類思維模式類似甚至超越人類思維模式的解決方案。

當人與機器一起競賽解決問題時，問題的複雜程度會直接影響解題人的最終方案，因為人的知識、經驗、精力是有限的，很少甚至沒有人會長時間都在解決同一個問題。當解題人找不到最佳方案時，他們給出的方案往往具有一定的主觀性，甚至有可能是錯誤的。但比起人類，電腦擁有四個優勢：

1. 可以在極短時間內完成超複雜的運算；
2. 可以長時間不厭其煩地做同一件事，而且不會累；
3. 記憶力好，累積的經驗可以被隨時調用；
4. 沒有情感等主觀因素，比人類能更公正、客觀地對待每個方案。

這四個優勢可以使電腦在解決超複雜的純智商難題時不斷探索新方案，不斷累積經驗，不斷最佳化方案，透過窮舉和對比，找出最佳的答案。人工智慧在不同領域累積的經驗增加，

它對事物間關係的洞察力也會逐步提高，它也會不斷反哺提高自己解決問題的能力。當人工智慧的運算能力、分析能力、洞察能力超越人類時，人工智慧在很多領域提供的解決方案就會優於人類。

但是目前的人工智慧屬於弱人工智慧，李開復老師在《人工智慧》一書中總結了弱人工智慧暫時無法擁有人類的以下能力：

- 存在不確定因素時進行推理、使用策略解決問題、制定決策的能力；
- 知識表示的能力，包括常識性知識的表示能力；
- 規劃能力；
- 學習能力；
- 使用自然語言進行交流溝通的能力；
- 將上述能力整合起來實現既定目標的能力。

除上述幾點之外，人工智慧沒有人類的跨領域推理、抽象類比能力，也沒有人類的主觀能力如靈感、感覺和感受；更沒有人類特有的靈魂、愛、意識、理想、意圖、同理心、價值觀、人生觀等[01]，這導致人工智慧在未來很長一段時間內都無法很好地理解人類的心理和行為是什麼，在解決推理和情感問題時效率和結果都會不盡人意。

---

01 如果讀者對人工智慧能否模擬人類的思維模式感興趣，請閱讀人工智慧專家馬文·明斯基編寫的《情感機器》（*The Emotion Machine*）和《心智社會》（*Society of Mind*）。

· 第 3 章　人工智慧對設計師的影響

　　設計除了解決問題外，還涉及對美的理解和創作。美感是對美的體會和感受，它是複雜的，包含了歷史、文化、環境、情感等客觀和主觀因素，所以在不同的時代、階級、民族和地域中，有著不同文化修養和個性特徵的人對美的定義也不同。由於弱人工智慧缺乏人類的主觀感受以及對當代世界和社會的文化和環境的理解能力，所以目前的弱人工智慧對美感基本一無所知。但人工智慧不懂美感不代表人教不會機器生產美感，就像托福和雅思，即使考生英語不太好，看不太懂文章在說什麼，只要懂方法，也能考出一個還可以的成績。

　　因此人工智慧只能依賴資料和經驗來解決問題，它能解決大部分智力可解決的問題，但解決不了大部分需要推理、情感和美感才能解決的問題。

3.2.2　設計師擅長的領域有哪些

　　上文已提到，人工智慧在解決超複雜純智力難題上最終會超越人類，而且可以生產出可被公式化（規範化）的設計，例如符合規範可批量生產的平面設計、符合規範已成熟的網頁和行動端互動設計。但對於人工智慧，設計師不用太過擔心被取代問題，因為設計師的工作是為了提高體驗和滿意度，體驗和滿意度都是主觀的，這是人工智慧很難去衡量的。而且設計師擅長的領域基本都是目前的弱人工智慧不擅長的，包括了以下方面：

1. 跨領域推理：人類強大的跨領域聯想、類比能力是跨領域推理的基礎。這正是設計師所需要的技能，即如何透過跨界聯想進行設計創新，如何透過類比能力去推理出使用者想要什麼。

2. 抽象能力：抽象是想像力中最重要的部分，設計師最需要的就是想像力和創意。

3. 「知其然，也知其所以然」：這是學習中最重要的能力之一。設計師透過多個實例找出其中本質及其產生的原因，提煉出使用者的需求，再透過具象思維提出設計方案。

4. 常識：常識是所有人都認可以及無須仔細思考就能直接使用的知識、經驗或方法。設計師經常講的靈感就由這些知識、經驗和方法構成。

5. 審美：審美能力同樣是人類獨有的特徵，很難用技術語言解釋，更難賦予機器。審美是一件非常個性化的事情，每個人心中都有自己一套關於美的標準，但審美又可以被語言文字描述和解釋，人與人之間可以很容易地交換和分享審美體驗。這種神奇的能力，電腦目前幾乎完全不具備。

6. 自我意識與情感：情感是我們人類的感性基礎，再結合人類的自我意識即是我們常說的「靈魂」。最好的藝術作品或者設計作品都是有靈魂的，當第一次看到或使用它們時，大多數人會感受到內心的震撼。同理，設計需要考慮使用者的感受，這也是常說的同理心和情感化設計。電腦

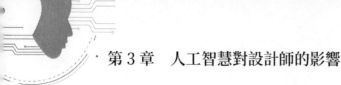

目前只能透過數學建模用文字或者人的表情來推斷出人類情感，但還做不到延續使用者的開心或者安慰使用者的傷心，更不用說與人類進行靈魂交流。

以上幾點正是設計師最擅長的，還有人對於複雜系統的綜合分析、決策能力，對於藝術和文化的審美能力和創造性思維，由生活經驗及文化薰陶產生的直覺、常識，基於人自身的情感（愛、恨、熱情、冷漠等）與他人互動的能力……這些都是人工智慧所不擅長的。

最後，在過去 60 年裡電腦更多被用來增強人類智慧，人工智慧只是一個輔助工具。漢斯‧莫拉維克（Hans Moravec）[02] 在 1998 年發表的文章〈當電腦硬體與人類大腦相媲美時〉提出了一個「人類能力地形圖」的觀點，其中海拔高度代表這項任務可被電腦執行的難度，不斷上漲的海平面代表電腦現在能做的事情。當電腦攻克一個領域時，海平面就會上升，因而淹沒掉這個領域；露在海平面之上的部分，就是電腦還沒攻克而我們人類擅長的領域。從圖中可以看出，目前人工智慧水平面預警線距離代表藝術的山峰還很遠。因此設計師完全不用杞人憂天，擔心自己被人工智慧取代。

02　漢斯‧莫拉維克：卡內基梅隆大學行動機器人實驗室主任。著作有《智力後裔：機器人和人類智慧的未來》（*Mind Children: The Future of Robot and Human Intelligence*）、《機器人：通向非凡思維的純粹機器》（*Robot: Mere Machine to Transcendent Mind*）。

人類能力地形圖[03]

3.3　AI 時代下設計師的機會與挑戰

　　作為一項引領未來的策略技術，世界發達國家紛紛對人工智慧的核心技術、頂尖人才、標準規範等進行部署，加快促進人工智慧技術和產業發展，希望在新一輪國際競爭中掌握主導權。中國在最近 2 年發表了多項關於人工智慧的計畫，包括《新一代人工智慧發展規劃》、《促進新一代人工智慧產業發展三年行動計畫（2018 —— 2020 年）》、《高等學校人工智慧創新行動計畫》、《中國人工智慧系列白皮書 2017》、《人工智慧標準化白皮書 2018》；來自清華大學、南京大學、西安交通大學等 26 所大學建議在本科／碩士陸續開展人工智慧專業；另外，

03　參考了邁克斯‧泰格馬克（Max Tegmark）所著書籍《生命 3.0：人工智慧時代，人類的進化與重生》（Life 3.0）中的「人類能力地形圖」。

浙江、北京以及另外幾個省市已經確定將把 Python 程式設計基礎納入資訊技術課程和高考的內容體系，多所中學成為首批「人工智慧教育實驗基地學校」，還有最近首冊《人工智慧基礎（高中版）》正式走進高中課堂。相信在未來 5 年裡，將會有一大批掌握各種人工智慧技術的應屆生進入社會與我們一起競爭，到時場景會相當激烈。

加上新一代設計師是「與網際網路共同成長的一代」，在少年時代就接觸了更多的新鮮事物，相信在未來幾年裡有更多的新晉設計師會掌握程式設計開發以及其他能力，綜合素養會比目前的設計師更強，所以，我們一定要保持終身學習，懂得如何將自己的能力和經驗轉換為優勢，這樣才能更好地在設計道路上不被超越。

3.3.1　將經驗轉換為更多價值

每一代人都有被下一代人取代的風險，但為什麼有些很厲害的人就不容易被取代？理由很簡單，因為他們在不斷創造價值。無論是在社會、行業還是企業裡，當具備一定影響力後，他們能更容易累積人脈和資源，然後反哺自己的價值，就跟滾雪球一樣，當雪球越大，他們越不容易被別人取代。設計師需要有這樣的意識。

3.3.2 掌握更多設計技能

　　未來將有更多的 AR/VR 應用和遊戲出現在使用者視野，三維設計、動畫設計和遊戲設計一定是新的潮流方向，而且這些設計軟體和技法都比現有的 UI 設計複雜得多，每個控制項（widget）都有可能根據現實生活中的實物進行三維設計，因此可能會有更多的控制項形態以及數量需要設計師考慮，最困難的是如何將以上設計和技術進行整合，做出更貼近使用者的產品。

在 HoloLens 眼鏡裡看到的介面設計

　　Adobe 正在幫助設計師和開發者簡化構建 AR 對象的流程。Adobe 在 2018 年 6 月發布了一款用於創作 AR 的工具 Project Aero，它由 Adobe 和蘋果、皮克斯（PIXAR）共同合作開發而成。Project Aero 是一款多平臺工具，可幫助設計師將圖形帶到擴增實境空間。設計師可以先在 Photoshop CC 和

Dimension CC 中設計圖形，然後再導出為 Project Aero 文件。接下來 Project Aero 利用平板電腦來確定圖形的 AR 元素以及預覽 AR 空間中的改動，最後導出 USDZ 文件供蘋果 ARKit 使用。Adobe 技術長 Abhay Parasnis 強調：「今天的 AR 內容開發還需要創造力和技術技能的結合。Project Aero 將為開發者和創意人員提供一個系統，幫助他們利用蘋果 ARKit 來構建簡單的 AR 場景和體驗。設計人員可以輕鬆創建沉浸式內容，然後將其帶到 Xcode 以進一步完善和開發。」

除了介面設計，在我們身邊將有更多的設備連接上物聯網，我們該如何設計軟體和硬體的關係？設備和設備之間如何互動？這些設備又應該如何服務人類？當這些設備出現問題時，會對使用者生活產生多大影響？使用者該如何自行修復？當你的設計不周全有漏洞，可能會對使用者生活帶來直接影響和困擾，所以設計師一定要謹記：影響越大，責任越大。總而言之，在通用人工智慧來臨之前，設計師還有很多問題需要學習和解決，這時候就需要設計師盡快走出舒適區去學習新的知識，掌握更多本領。

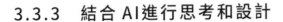

3.3.3　結合 AI進行思考和設計

　　既然 AI 是一個強大的工具，那麼我們要思考如何運用它來創造更多的價值。在第 2 章提及的 Alex Da Kid 透過 AI 技術分析過去 5 年裡的熱點話題和流行音樂主題，打造了一首能容納千萬傷心事的歌曲 Not Easy 衝上了 Spotify 全球榜第 2 名；時裝設計師 Jason Grech 透過 AI 技術捕捉過去 10 年的 T 臺時尚圖像和即時的社交資訊，從中汲取新的靈感並預測出新的潮流趨勢。這兩個例子說明 AI 能快速便捷地獲取大量資訊，幫助設計師拓展自己的視野，不斷更新自己的世界觀，從新的視角看待問題和解決問題。除了快速獲取資訊外，設計師也應該考慮如何透過 AI 提高自己的工作效率，例如哪些純勞動力工作交給 AI 去做效率會更高；哪些工作可以和 AI 一起協同完成更能激發創意。

　　此外，還有更重要的一點，那就是一定要拓寬自己的想像力，將新的技術和設計技能運用到現有的領域或者行業上。舉一個例子，美國廣播電視行業在 2017 年開始嘗試提高影片的播報品質，設計師從電影拍攝中找到靈感，隨後搭建了一個「沉浸式綠幕工作室」。透過 AR 技術和演員的精湛表演，充滿視覺震撼的天氣預報不僅能讓美國人民深刻了解到美國 30 年來最強「怪獸級」颶風「佛羅倫斯」（Florence）帶來的影響，還能提高他們對氣象災害的認知。

　　Facebook Messenger 在全球範圍內發行了首批兩款 AR 影片聊天遊戲 Don't Smile 和 Asteroids Attack。Don't Smile 是一款互相對視、看誰先笑的遊戲；Asteroids Attack 則是移動臉部以導航一架太空飛船避開岩石和拾取雷射光束能量的遊戲。而競爭對手 Snapchat 卻專注於用 AR 占據使用者的整個螢幕，希望將使用者傳送至外太空或迪斯可舞廳。在影片聊天時，對於遠在千里又希望與家人或者朋友共度更多時光的使用者來說，上述遊戲不僅僅是消磨時間的有趣方式，更是一種可促進情感交流的新型紐帶。

Facebook Messenger AR 影片聊天遊戲

Snapchat AR 影片聊天遊戲

3.3.4　深耕藝術設計

　　如果不想被人工智慧領先，人類的設計應該是創新的（未成熟、未被發現規律的），包含更多元素的（更多複雜參數如歷史、文化、環境、情感等），「藝術」這個詞語就涵蓋了以上元素。藝術是靈魂的表達，人工智慧在藝術設計上還遠遠達不到人類的水準，學習藝術設計將會為設計師帶來更多的機會。

　　如何結合人機互動以及人工智慧進行藝術設計是未來的一個設計方向，近年來有越來越多的智慧互動藝術設備出現在各類藝術展中。在多倫多 2017 年設計創新與技術博覽會上，多學科藝術家兼建築師菲利普·比斯利（Philip Beesley）將大量的技術和系統融入自己的創作作品 Astrocyte 中。Astrocyte 是一個「活」雕塑，這個藝術品集合了化學、3D 列印、人工智慧和沉浸式音景（soundscape）等諸多元素，它能根據周圍觀眾的行動做出光、聲音、振動等模式給予觀眾回應。

　　如果想對人工智慧藝術了解更多，可以閱讀譚力勤教授寫的《奇點藝術：未來藝術在科技奇點衝擊下的蛻變》一書，裡面有更多的人工智慧藝術案例，可幫助大家拓展自己的視野。

3.3.5　個性化設計

在網際網路和行動網路時代，由於產品使用者量大以及技術的限制，產品無法針對每位使用者在不同場景下的需求進行設計，所以產品功能只能滿足絕大部分使用者都有的核心場景。此外，鑑於每位使用者審美能力的差異，設計師只能考慮用更簡潔的設計語言來滿足大部分使用者的基礎審美。

在人工智慧時代下，當產品基本都能滿足使用者需求時，能為產品帶來活力和差異的除了自身的底層技術基礎，更多是藝術型設計師的理念和風格，以及自身品牌。就像時尚品牌優衣庫（UNIQLO）和 Gucci，單件商品兩者的品牌和設計所帶來的利潤差額巨大，相信未來的人工智慧產品也會面臨類似的問題，設計師應該考慮如何為產品賦予更多價值，如何彰顯使用者的個性。

在人工智慧的幫助下，產品有能力做到根據使用者的使用場景和行為分析出使用者的當前訴求，並提供相應服務。人工智慧為個性化服務提供了基礎，個性化服務意味著要考慮更多關於該名使用者的特點，包括他的文化、經歷、心理等因素，如何設計出一個更具包容、更能滿足使用者個體的產品，將是一個全新的機會和挑戰。

3.3.6　學會跨界思考

　　在近百年諾貝爾獎中有 41% 的獲獎者屬於交叉學科。尤其在 20 世紀最後 25 年，95 項自然科學獎中，交叉學科領域有 45 項，占獲獎總數的 47.4%，也就是將近一半。還有前面提到的人工智慧藝術，需要藝術家懂得更多領域的知識和技術才能拓寬自己的視野，這些領域包括但不局限於傳感技術、網路技術、智慧仿真技術、虛擬技術、生物技術、奈米技術（nanotechnology）等。因此科學與藝術是可以並且很有必要相通與交融的，設計師一定要學會跨界思考。

　　人工智慧時代下，數位世界和物理世界會逐漸融合，大到城市建設、公共服務、衣食住行和醫療；小到智慧家居、穿戴式設備，這些機會將會留給已準備好的挑戰者，所以設計師一定要拓展自己的視野，不要把自己的目光局限在介面設計上。本書的後半部分採訪了三名設計師，我們可以從他們身上學習如何跨界思考以及拓展自己的視野。

第 4 章

人工智慧時代下互動設計的改變

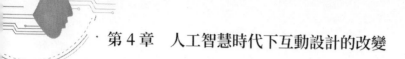

4.1　多模態互動

　　在過去半個世紀裡,電腦經歷了大型電腦運算、桌面運算、行動運算三個發展階段,同時人機互動的發展從穿孔卡片(punched card)到命令行(command line)再到圖形介面,新一代人機互動介面都比上一代更為自然和直觀。在傳統的人機互動模式下,需要使用者在電腦面前,透過對鍵盤、滑鼠等設備進行操作才能獲取資訊和服務,儘管圖形介面變得更為友善,但也需要使用者掌握一定的操作方法才能體驗到電腦帶來的方便和好處。隨著更多設備的網際網路化,對於沒有機會接受相關教育的人群來說,電腦把他們的生活變得更複雜和更費力。

　　這半個世紀的電腦發展主要以技術為中心,而不是以人為中心,主要原因是當時的電腦仍然無法理解使用者的行為和意圖,以及使用者產生的非結構化資料。所以基本上是使用者學習如何和電腦互動,而我們提倡的「以使用者為中心的設計」更多是指在這個程度上如何降低學習的門檻。

　　在《人機交互中的體態語言理解》一書中,徐光祐教授把傳統的人機互動定義為「顯式人機互動」,它的特點包括以下4點:

1. 電腦只是被動地等待命令和資訊,否則它不會工作。因此,與電腦互動必須有相應的接口。在桌面運算模式下,使用者需要在電腦面前透過接口設備才能使用電腦。

2. 電腦無視使用者的狀態和需求,不會主動地提供服務。

3. 電腦對使用者的回應或服務是事先定義的,難以按照使用者當前的狀態和需求做必要的調整。

4. 電腦只接受它所能接受的命令,也就是符合電腦規定格式的命令,而不顧及使用者的文化背景和習慣如何,包括所使用的文字。

　　儘管傳統的人機互動看起來是笨拙的,但是當我們回望過去,輸入/輸出設備的發展一直都在從更多維度或者更深層次上滿足人類需求,人類可以在多維度下進行創造和體驗,電腦、網路和數位技術正在深刻地改變人類的生活。

4.1.1　普適運算

　　其實在很早之前已經有研究學者在研究人類如何更好地與電腦進行互動,1988 年美國施樂 (Xerox) 公司 PARC 研究中心的馬克·維瑟 (Mark Weiser) 提出了「普適運算」(ubiquitous computing) 這個概念。馬克·維瑟認為新一代電腦應該具有以下特徵:它是許多高度分散和互聯的、可融入自然環境中的、不可見和不需要人們有意識操作或分散注意力的電腦。普適運算的目的是建立一個充滿運算和通訊能力的環境,把資訊空間與人們生活的物理空間進行融合,在這個融合空間中人們可以隨時、隨地、透明地獲得數位化服務;電腦設備可以感知周圍

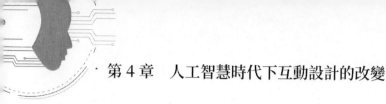

的環境變化，因而根據環境變化以及使用者需要自動做出相對應的改變。

　　普適運算的促進者希望嵌入到環境或日常工具中的運算能夠使人更自然地和電腦互動，但阻礙普適運算發展的最大原因是電腦還不能根據感測器資料來辨識和理解人們的情緒、態度、意願等內心活動，因而無法以人們所習慣的方式與人們進行資訊交流和提供主動的服務。

　　近年來比較熱門的物聯網可以認為是普適運算的雛形，多個小型、便宜的網際網路設備廣泛分布在日常生活的各個場所中，透過相互連接的方式服務使用者。電腦設備將不只依賴命令行、圖形介面進行人機互動，可以用更自然、更隱形的方式與使用者互動，這樣的使用者介面被稱為「自然使用者介面」（natural user interface, NUI）。NUI 更多是一種概念，它的「自然」是相對圖形使用者介面而言的，它提倡使用者不需要學習，也不需要滑鼠和鍵盤等輔助設備。微軟的遊戲操控設備 Kinect 有一句經典廣告語：You are the controller（你就是遙控器），人類可透過多模態的互動方式直觀地與電腦進行互動。

　　所謂「模態」（modality），是德國生理學家亥姆霍茲（Hermann von Helmholtz）提出的一種生物學概念，即生物憑藉感知器官和經驗接收資訊的通道，例如人類有視覺、聽覺、觸覺、嗅覺和味覺 5 種模態。由學者研究得知，人類感知

資訊的途徑裡,透過視覺、聽覺、觸覺、嗅覺和味覺獲取外界資訊的比例依次為 83%、11%、3.5%、1.5% 和 1%。多模態是指將多種感官進行融合,而多模態互動是指人透過聲音、肢體語言、資訊載體(文字、圖片、音訊、影片)、環境等多個通道與電腦進行交流,充分模擬人與人之間的互動方式。

4.1.2 視覺和聽覺

先來看一下多模態裡的視覺和聽覺,視覺和聽覺獲取的資訊比例總和為 94%,而且是當前流行的 GUI(graphical user interface,圖形使用者介面)和 VUI(voice user interface,語音使用者介面)使用的兩個通道。

維度

如果問視覺和聽覺最本質的區別是什麼,我認為是傳遞資訊的維度不同。眼睛接收的資訊由時間和空間 4 個維度決定;耳朵接收的資訊只能由時間維度決定(雖然耳朵能覺察聲音的方向和頻率,但不是決定性因素)。眼睛可以來回觀察空間獲取資訊;耳朵只能單向獲取資訊,在沒有其他功能的幫助下如果想重聽前幾秒的資訊是不可能的。

時間維度決定了接收資訊的多少,它是單向的、線性的以及不能停止的。耳朵在很短時間內接收的資訊是非常有限的,舉一個極端的例子:假設人可以停止時間,在靜止的時間內聲

第 4 章　人工智慧時代下互動設計的改變

音是無法傳播的，這時候是不存在資訊的。還有一個說法是在靜止的時間內，聲音會保持在一個當前狀態例如「滴」，這時候聲音對人類來說就是一種噪音。

耳朵接收的資訊只能由時間決定，眼睛卻很不一樣，即使在很短的時間內，眼睛也可以從空間獲取大量資訊。空間的資訊由兩個因素決定：

1. 動態還是靜態
2. 三維空間還是二維平面。在沒有其他參照物的對比下，事物的靜止不動可以模擬時間上的靜止，這時候人是可以在靜止的事物上獲取資訊的。時間和空間的結合可使資訊大大豐富，正如花一分鐘看周圍的動態事物遠比一年看同一個靜態頁面獲取的資訊要多。

接收資訊量的對比

視覺接收的資訊量遠比聽覺高。在知乎上有神經科學和腦科學話題的優秀回答者指出，大腦每秒透過眼睛接收的資訊上限為 100 Mbps，透過耳蝸接收的資訊上限為 1 Mbps。簡單點說，視覺接收的資訊量可以達到聽覺接收資訊的 100 倍[01]。

雖然以上結論沒有官方證實，但我們可以用簡單的方法進行對比。在理解範圍內，人閱讀文字的速度可以達到每分鐘 500 ～ 1,000 字，說話時語速可以達到每分鐘 200 ～ 300 字，

01　以上資料來自知乎問題「耳朵和眼睛哪個接收資訊的速度更快？」

所以視覺閱讀的資訊可以達到聽覺的 2 ～ 5 倍[02]。而當超出理解範圍時需要花時間思考，這導致了接收資訊量驟降。

如果將圖像作為資訊載體，可由視覺閱讀獲得的資訊遠超聽覺獲得的資訊的 5 倍。眼睛還有一個特別之處，透過掃視的方式一秒內可以看到 3 個不同的地方[03]。

4.1.3　觸覺

雖然觸覺接收的資訊量少於視覺和聽覺，但它遠比視覺、聽覺複雜。觸覺是指分布於人們皮膚上的感受器在外界的溫度、濕度、壓力、振動等刺激下，所引起的冷熱、潤燥、軟硬、動作等反應。我們透過觸摸感受各種物體，並將觸摸到的各種資料記入大腦，例如在黑暗情況下我們可以透過觸摸判斷物體大概是什麼。如果我們結合視覺看到一個球形物體，但觸摸它時感覺到了稜角，這時會和我們的記憶產生衝突。

在虛擬實境中，五個感官的同時協調是技術的終極目標。如果沒有觸覺，那就少了實在和自然的感覺，例如在格鬥遊戲中無論是敵人被擊中或者是自己被擊中都沒有反應回饋，導致遊戲體驗缺乏真實感。虛擬實境控制系統應該盡可能自然地模擬我們與周邊環境的互動。同理，未來的人機互動更多發生在

02　以上兩個資料來自知乎問題「普通人的閱讀速度是每小時多少字？」和「為他人撰寫中文演講稿，平均每分鐘多少字比較合適？」

03　以上資料來自《 人工智慧的未來 》（*How to Create a Mind: The Secret of Human Thought Revealed*）一書。

物理空間裡，人類想要真實地感受實體，擴增實境技術需要把
虛擬的數位資訊轉化為觸感，因為觸感才是我們在真實環境下
感受實體的唯一途徑。

　　在現實世界中，科技公司希望借助形變和震動來模擬各
種材質的觸感，即虛擬觸覺技術。之前，在群眾募資網站
Kickstarter 上就出現過一種虛擬實境手套——Gloveone。這
種手套中加入了很多小電動機，透過不同頻率和強度的振動來
配合視覺效果。類似的還有一款叫做 HandsOmni 的手套，由
萊斯大學（Rice University）研發，手套裡的小氣囊透過充氣和
放氣來模擬觸覺，相比於電動機來說，它的效果更好，但仍處
於研發的早期階段。

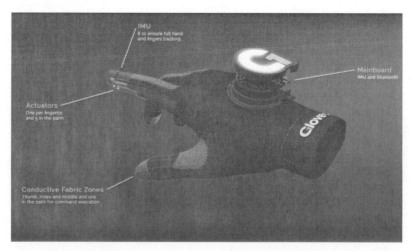

Gloveone 手套

4.1.4 嗅覺

　　在《超普通心理學》一書中提到：嗅覺是五感中傳遞唯一不經過丘腦（thalamus）的，而是直接將刺激傳到大腦中許多與情感、本能反應相關的腺體，例如杏仁核（管理各種情緒如憤怒與恐懼、慾望與饑餓感等）、海馬體（管理長期記憶、空間感受等）、下視丘（管理性慾和衝動、生長激素與荷爾蒙的分泌、腎上腺素的分泌等）、腦下垂體（管理各種內分泌激素，也是大腦的總司令），因此嗅覺是最直接而且能喚起人類本能行為和情緒記憶的感官。

　　儘管如此，但目前聚焦嗅覺解決方案的初創公司相對較少，2015 年在 Kickstarter 上發起群眾募資的 FeelReal 公司就是其中一家。FeelReal 公司推出了由頭戴式顯示器以及口罩組成的 Nirvana Helmet 和 VR Mask，它們能給你更豐富的感官刺激，例如可以透過氣味、水霧、震動、風、模擬熱等給使用者帶來全新的五官感受。目前為止，FeelReal 團隊已經預先製作了數十種在電影、遊戲裡高頻率出現的氣味，同時在設備中開發了一個可以同時放置 7 種不同氣味發生器的墨盒，墨盒設置在口罩內。可惜的是，FeelReal 在 Kickstarter 上群眾募資失敗，產品在官網上仍然顯示著「預訂中」。

FeelReal 口罩

在中國杭州有一家叫「氣味王國」的公司專注於數位嗅覺技術研發。目前氣味王國透過解碼、編碼、傳輸、釋放等技術流程，將被還原物質的氣味突破時間與空間的阻隔，按照程式設定用解碼器辨識指令進行即時的氣味傳輸。據介紹，氣味王國已經收錄了十萬種氣味，並解碼了上千種氣味，包括日常生活中可接觸到的食物、花草、汽油等平常氣味，和遠離生活的受限地理環境中的奇特氣味。解碼完成的上千種氣味被裝置在「氣味盒子」中，在合適的場景下，「氣味盒子」透過微機電結構控制氣味的比例、組合效果、時間節點等，實現契合式的氣味釋放。

分析完人類如何接收資訊以及背後的支持技術後，接下來再分析一下人類如何透過聲音和肢體語言、資訊載體傳達資訊，以及現在的支持技術發展到什麼階段。

4.1.5　透過聲音傳達資訊

　　隨著人工智慧的發展，語音辨識技術得到快速發展，在第 1 章已經詳細介紹過語音辨識技術，所以在此不再詳述。人在表達自己的意圖時主要由語言、口音、語法、詞彙、語調和語速等決定，而在不同場景下使用者的語氣也會隨著情緒而變化，導致相同的語句可能會有不一樣的意圖。

　　具備語音互動能力的設備根據使用者回應做出反應並進行有意義對話的關鍵，是智慧情緒辨識。早在 2012 年，以色列的新創企業 Beyond Verbal 就發明了一系列語音情緒辨識算法，可以根據說話方式和音域的變化，分析出憤怒、焦慮、幸福或滿足等情緒，心情、態度的細微差別也能被精準檢測。至今為止，該算法可以分析出 11 個類別的 400 種複雜情緒。近年來亞馬遜的 Alexa 團隊和蘋果的 Siri 團隊也在著力研究語音情緒辨識，蘋果的 HomePod 廣告片 *Welcome Home* 用了類似的方案來表達 Siri 的智慧推薦：辛苦了一天的女主角，疲憊不堪地回到家中，讓 Siri 用 HomePod 播放音樂。緊接著神奇的事情發生了：音樂響起，女主擁有了魔力，她可以打開另一個空間，疲勞的感覺頓時一掃而光，盡情漫舞。廣告充分展示了 HomePod 在轉換情緒上的「開關」作用，得到國外廣告圈的一致好評。

　　機器除了需要理解使用者想表達什麼，還需要辨識是哪個使用者在說話，這時候生物辨識領域下的「聲紋辨識」就能造

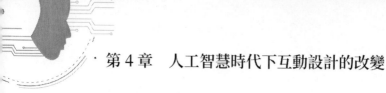

成關鍵作用，該技術透過語音波形中反映說話人生理和行為特徵的語音參數，進而分辨出說話人的身分。蘋果、亞馬遜和 Google 在自家產品上相繼使用了聲紋辨識，可以有效判斷不同使用者的聲音並給出回應。

　　聲紋辨識將成為語音人機互動的最佳身分認證方式，還可以有效減少部分應用場景下的操作流程。例如在下訂單環節，如果有了聲紋辨識作為身分認證方式，那麼透過「幫我訂昨天晚上一樣的外送」這一句話，就能夠完成整個訂餐及支付操作。如果沒有聲紋辨識，到了支付環節可能還是需要透過智慧手機上的指紋辨識或人臉辨識來完成認證的步驟，使用起來非常麻煩。

　　同時，由於語音互動的便捷性，在智慧家居設計上可能會有較大的問題。舉個例子，當有闖入者非法入侵住宅時，如果語音控制系統不限制說話人的身分，每個人都有著智慧監控系統的權限，那麼闖入者完全可以直接下命令關閉監控系統，這是一件非常危險的事情。聲紋辨識能有效解決該問題，在不能辨識出闖入者身分的前提下，當闖入者嘗試進行語音互動時，語音控制系統應該進行報警等一系列安全防護措施，有效保障居民的安全。

4.1.6 透過肢體語言傳達資訊

人類交流時一半依賴於肢體語言,如果沒有肢體語言,交流起來將十分困難且費力。肢體語言是一種無聲的語言,我們可以透過臉部表情、眼神、肢體動作等細節了解一個人當前的情感、態度和性格。美國心理學家愛德華·霍爾(Edward Hall)曾在《無聲的語言》(*The Silent Language*)一書說過:「無聲語言所顯示的意義要比有聲語言多得多,而且深刻得多,因為有聲語言往往把所要表達的意思的大部分,甚至絕大部分隱藏起來。」

臉部表情是表達情感的主要方式。目前大多數研究集中在 6 種主要的情感上,即憤怒、悲傷、驚奇、高興、害怕和厭惡。目前網上已經有很多表情辨識的開源專案,例如 Github 上點讚數較高的 Face Classification,其基於 Keras CNN 模型與 OpenCV 進行即時臉部檢測和表情分類,使用真實資料做測試時,表情辨識的準確率只達到 66%,但在辨識大笑、驚訝等電腦理解起來差不多的表情時效果較差。在人機互動上,使用者表情辨識除了可以用於理解使用者的情感反饋,還可以用於對話中發言的輪換管理,例如機器看到使用者表情瞬間變為憤怒時,需要考慮流程是否還繼續進行。

有時候人的一個眼神就能讓對方猜到他想表達什麼,所以眼睛被稱為「心靈的窗戶」。眼睛是人機互動的研究方向之

一，它的注視方向、注視時長、瞳孔擴張收縮以及眨眼頻率等都有不一樣的解讀。2012 年由四個丹麥博士生創立的公司 The Eye Tribe 開發的眼動追蹤技術，可以透過智慧手機或者平板電腦的前置攝影機獲取圖像，利用電腦視覺算法進行分析。軟體能定位眼睛的位置，估計你正在看螢幕的什麼地方，甚至精確到非常小的圖標。這項眼動追蹤技術未來有望取代手指控制平板電腦或手機。

在人機互動上，眼動追蹤技術將幫助電腦知道使用者在看哪裡，有助於最佳化整個應用、遊戲的導航結構，使整個使用者介面更加簡潔明瞭。例如，地圖、控制面板等元素在使用者沒關注時可被隱藏，只有當使用者目光查看邊緣時才顯示出來，因而增加整個遊戲的沉浸式體驗。專門研究眼動追蹤技術的公司 Tobii Pro 副總裁 Oscar Werner 認為：「以眼動追蹤為主的新一代 PC 互動方式，將會結合觸控螢幕、滑鼠、語音控制和鍵盤等人機互動方式，進而顯著提升電腦操作的效率和直觀性。目光比任何物理動作都先行一步。在眼部追蹤的基礎上，肯定還會有更多更「聰明」的使用者互動方式誕生。」對以沉浸式體驗為核心的 VR 設備而言，眼動追蹤技術是下一代 VR 頭顯的關鍵所在，剛剛提到的 The Eye Tribe 公司也已被 Facebook 收購，該技術將被用於 Oculus 上。

肢體動作是涉及認知科學、心理學、神經科學、腦科學、行為學等領域的跨學科的科學研究課題，其中包含很多細節，

甚至每根手指的不同位置都能傳達不同的資訊,因此讓電腦讀懂人類的肢體動作是一件棘手的事。

　　在肢體辨識上,最出名的莫過於微軟的 3D 體感攝影機 Kinect,它具備即時動態捕捉、影像辨識、麥克風輸入、語音辨識等功能。Kinect 不需要使用任何控制器,它依靠相機就能捕捉三維空間中玩家的運動,在微軟 Build 2018 開發者大會上,微軟推出了全新的 Project Kinect for Azure,它將配置人們熟悉的所有功能,而且只配置了更小規模但功效更大的元件。例如,新版的 Kinect 前端可以對使用者手勢進行完整追蹤且空間映射度高;而後端可以使用微軟 Azure 雲平臺的機器學習、認知服務以及 IoT Edge 等人工智慧服務。

使用者在使用 Kinect 感測器來玩體感遊戲

第 4 章　人工智慧時代下互動設計的改變

　　手勢辨識有兩款很不錯的硬體產品，一款是家喻戶曉的 Leap Motion，它能在 150°視場角的空間內以 0.01 公釐的精度追蹤使用者的 10 根手指，讓你的雙手在虛擬空間裡像在真實世界一樣隨意揮動。另外一款是 MYO 腕帶，它透過檢測使用者運動時手臂上肌肉產生的生物電變化，配合手臂的物理動作監控實現手勢辨識。MYO 所具備的靈敏度很高，例如握拳的動作即使不用力也能被檢測到。有時候你甚至會覺得自己的手指還沒開始運動，MYO 就已經感受到了，這是因為你的手指開始移動之前，MYO 已經感受到大腦控制肌肉運動產生的生物電了。

　　卡內基梅隆大學機器人學院（CMU RI）的副教授 Yaser Sheikh 帶領的團隊正在研發一種可以從頭到腳讀取肢體語言的電腦系統，可以即時追蹤辨識大規模人群的多個動作姿勢，包括臉部表情和手勢，甚至是每個人的手指動作。2017 年 6 月和 7 月，這個專案在 Github 上相繼開源了核心的臉部和手部辨識原始碼，名稱為 OpenPose。OpenPose 的開源已經吸引了數千使用者參與完善，任何人只要不涉及商業用途，都可以用它來構建自己的肢體跟蹤系統。肢體語言辨識為人機互動開闢了新的方式，但整體的肢體語言理解過於複雜，電腦如何將肢體語言語義化並理解仍然是一個技術瓶頸。

146

OpenPose 人群肢體辨識

4.1.7　透過資訊載體傳達資訊

　　除了現場溝通,人類還會透過文字、圖片、音訊、影片這四種媒介與其他人溝通,而這四種載體承載的資訊都屬於電腦難以理解的非結構化資料。2018 年百度 AI 開發者大會上,百度高級副總裁王海峰發布了百度大腦 3.0,並表示百度大腦 3.0 的核心是「多模態深度語義理解」,包括資料的語義、知識的語義,以及圖像、影片、聲音、語音等各方面的理解。視覺語義化可以讓機器從看清到看懂圖片和影片,辨識人、物體和場景,同時捕捉它們之間的行為和關係,透過時序化、數位化、結構化的方式,提煉出結構化的語義知識,最終結合領域和場景進行智慧推理並進展到行業應用。在人機互動上,電腦理解非結構化資料有助於電腦理解使用者,因而最佳化個性化推薦和人機互動流程,提高產品整體的使用效率和體驗。

　　整體而言，現在的電腦設備能較好地看清使用者的肢體動作以及聽清使用者的語言，但是仍然不能看懂、聽懂並理解背後的語義是什麼。當互動發生在三維的物理空間中時，由於上下文會隨現場的任務以及任務背景而發生動態變化，導致同樣的輸入可能會有不同的語義。在短時間內弱人工智慧無法很好地解決「語義」，而「語義」也將成為未來幾年裡人機互動領域繞不開的話題，設計師需要學會如何在人工智慧面前更好地權衡並處理「語義」。

4.2　行動產品互動設計的改變

　　在未來幾年內，人工智慧助手的普及以及手機硬體形態的改變，將會導致行動端互動設計發生顛覆性的改變，包括資訊架構的改變、流的設計改變、擁有更多新型元件以及多模態互動的實現。

4.2.1　資訊架構

　　要說資訊架構（information architecture）[04]，首先要提及圖書館，因為圖書館應該是最早能展現出資訊架構的設計。當不同領域的書籍多到人類無法第一時間找到相關資訊時，為

04　資訊架構最早由美國建築師 Richard Saul Wurman 在 1976 年提出，同時他也是 TED 的創立者。面對當代社會資訊的不斷成長和爆炸，Richard 認為資訊需要一個架構、一個系統來合理設計，因此他創造了一個全新的術語 —— 資訊架構。

了提高查找效率，人類開始為書籍添加索引，分門別類地按區
域擺放不同內容的書籍，這樣一來，即使是毫無經驗的人，在
圖書館引導和管理員的幫助下也能迅速找到相關資料。

圖書館的圖書分類

　　GUI 和 HTML 的出現，使得資訊架構得以廣泛應用，同
時也衍生出一個新的術語 —— 頁面（page）。在 GUI 時代，資
訊架構主要由頁面和流程決定。由於資訊的展現必須由頁面承
載，而頁面承載的資訊應該是有限的，所以設計者需要將資訊
合理放入頁面裡。

　　假設總資訊和頁面內容的資訊是固定的，那麼流程也是固
定的；反之亦然，假設頁面資訊是固定的，在固定的流程上增
加一個可以擴展資訊的聚合頁面，那麼總資訊可以是無限的。
當頁面和流程設計被固定時，資訊架構也是固定的。

第 4 章　人工智慧時代下互動設計的改變

在海量資訊面前，固定的資訊架構有助於人類記憶使用路徑，降低尋找成本。當海量資訊不斷以指數級成長，功能變得越來越多時，產品需要更多的頁面來承載。更多頁面會導致產品架構的層級和流程變得更複雜，也使得使用者的使用成本不斷增加，這並不是一件好事。

每個人的思考模式不是固定的，為了解決大部分使用者需求而設計的資訊架構可以幫助到使用者，同時也限制了使用者的思考。為了解決這個問題，資訊架構需要一個優秀的導航設計來引導使用者使用和隨處瀏覽，如下圖所示。

京東商城網頁版的導覽設計

為了方便使用者隨心所欲地挖掘更多資訊，搜尋是一條捷徑，搜尋還可以讓使用者隨時切換想要尋找的內容。

搜尋為使用者資訊查詢帶來便捷

150

由於手機小螢幕的限制，為了展現更多內容，導覽的功能和形式被削減，主要依賴標籤式、抽屜式、列表式等導覽模式以及每個子頁面的返回按鈕。如果產品架構層級過深，會導致返回步驟過長，如果使用者要從一條路徑跳到另外一條路徑，步驟極其繁瑣。

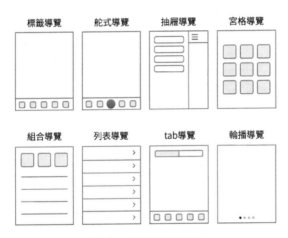

手機應用的常用導覽設計

在頁面裡，不提供隨時跳到另外一個頁面的功能是完全可以理解的，因為這個功能在展現上就很難設計，而且可能會使穩定的資訊架構變紊亂。但是，這個功能可以降低使用者的操作成本，更符合人的思維模式。

為了實現這個功能，讓使用者自行搜尋資訊架構或許是一個不錯的選擇。相對於成本很高的文字輸入，人工智慧下的語音輸入是目前最佳的解決方案，語音助理的本質也是利用語音

進行搜尋。語音助理與資訊架構的結合並不是一個全新的模式，iOS 的 Siri 可以打開手機應用以及部分蘋果官方功能，例如在 Siri 模式下說出「打開碼錶」，就可以直接打開時鐘 App 下的碼錶頁面；說出「打開螢幕顯示與亮度」，則可以直接定位到螢幕顯示與亮度頁面。可惜的是目前大部分產品的資訊架構並不能和系統級別的語音助理進行深度整合。最近小米、三星等手機廠商透過「語音輸入 - 模擬頁面觸控 - 到達頁面／完成功能」的方式實現資訊架構的快速觸達；而蘋果也在逐漸開放 Siri 的生態能力，在最新的系統 iOS 12 中有一項新功能名為 Shortcuts，使用者可以透過 Siri 執行任何應用程式的快速操作。

　　語音助理提供搜尋第三方應用資訊架構的功能，將大大提高使用者的效率，例如在看網易新聞時喚醒 Siri 說「打開微信朋友圈」，可以立即打開微信朋友圈，比傳統操作快捷很多。其實僅僅需要在系統和應用層面進行小成本的修改，即可實現該功能，改動如下：

1. 功能／頁面增加新的標識／屬性即可被系統語音助理搜尋，本質上也是一種深度連結（deep link）[05]。為了降低使用者的記憶成本，該功能／頁面應該是重要的、常用的、唯一的，例如可以透過 Siri 語音輸入「我要和微信裡的薛

05　Deep link，簡單點說就是你在手機上點擊一個連結之後，可以直接連結到 App 內部的某個頁面，而不是 App 正常打開時顯示的首頁。

志榮聊天」「打開微信朋友圈」可以直接到達相關頁面，
而新聞、購物等詳情頁、聚合頁不應該添加該標識／屬性。

2. 被語音助理調起的頁面可以考慮將返回按鈕直接改為回首
   頁。由於固定的資訊架構使每個頁面都能確定上一級頁面
   是什麼，流程為了符合使用者心理預期需要做到「從哪裡
   來回哪裡去」，但語音調起的功能／頁面，對於使用者來說
   上一級頁面是哪裡無關緊要，可以直接將返回上一頁改為
   返回首頁，也方便使用者繼續使用該應用。

3. 被語音助理調起的頁面有辦法直接回到上一個應用／頁
   面。例如在 iOS 中調起另外一個應用時，點擊螢幕左上角
   可以回到原應用；同理，當使用者在與微信好友聊天時，
   使用語音助理切換到朋友圈後，點擊左上角應該還能回到
   剛剛的聊天頁面，這樣可以盡量避免打斷使用者的流程。
   以上 3 點圖示如下。

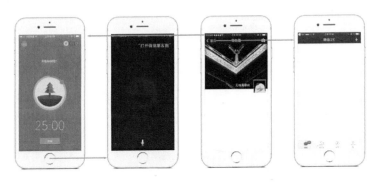

多應用切換概念圖

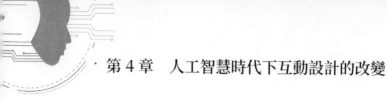

人工智慧的成熟使語音助理得以快速發展，語音助理與產品資訊架構的整合將使每一個功能都可以被迅速訪問，產品入口不再是首頁，語音助理給沉重的產品資訊架構賦予了活力和流動性。該模式能更好地滿足使用者隨心所欲的需求，也更好地提高了使用者的使用效率。

4.2.2　流的設計

行動端產品主要分為內容（資訊、影片、音樂等）、工具（鬧鐘、筆記、地圖等）、社交（聊天）和遊戲四個方向。透過不同方向的結合可以孵化出不同的產品，人工智慧會為這些產品帶來怎樣的變化？我認為有以下幾點。

1. 人工智慧使推薦系統的準確度大幅度提高，使用者發現內容的成本降低，產品不再需要複雜的架構來承載不同內容。

2. 人工智慧可以承擔更多複雜操作，工具的操作成本降低，使用流程也會隨之減少，一款產品只承擔一個工具不再行得通，除非有「靠山」，例如操作系統。往年 iOS 和 Android 的更新都會添加一些新的工具功能，加上 Siri 或者 Google Now 語音指令，以及負一屏的資訊聚合頁面，可以使工具產品操作起來更方便。

3. 基於對話式的聊天社交已經是最扁平的結構，遊戲因複雜而有趣，所以人工智慧不應該也不能對它們進行簡化，但

　　由人工智慧驅動的 VR 和 AR 能為社交和遊戲產品帶來新的玩法和機會，不過不在本次討論中。

　　人工智慧的驅動使內容和工具型產品的資訊架構變得更加扁平，加上在不同場景觸發不同功能，有可能實現「每個功能／頁面都可能成為使用者第一時間觸達的功能／頁面」，這意味著每個頁面都有可能成為首頁，都是資訊架構的頂部，這需要產品的資訊架構有很強的兼容性和擴展性。

　　擁有高兼容性和擴展性的模式莫過於 FEED 和 IM，這兩種結構有以下特點：①它們具有「流」的性質，結構扁平，內容可以無限延伸；②它們都用樣式相同的空容器，例如 FEED 的列表或者卡片，IM 的氣泡；③空容器可以承載各式各樣的媒體，包括文字、圖片、音訊和影片。

　　FEED 和 IM 的區別是是否主動給予資訊反饋。FEED 透過採集使用者資料，將使用者感興趣的資訊主動推薦給使用者，在人工智慧時代下它更適合用在內容型產品上。IM 透過對話交流的形式給出問題或指令，對方根據相關內容給予反饋，在人工智慧時代下它更適合用在簡化流程以及工具型產品上。

　　既然固定內容的概念被打破，頁面可以無限延伸，為了保證結構穩定和方便管理，內容和功能需要被模組化。iOS 和 Android 在幾年前已採用了首頁左滑進入系統 FEED 的設計，不同產品用卡片的形式承載。小米 MIUI 9 的資訊助理突破了

產品間的壁壘，在負一屏中將不同應用中的同類別資訊整理聚
合，例如收藏、支出、快遞、行程、日程等，想查找使用這些
資訊時，無須進入不同應用查找，在資訊助理中就能快捷查看
和使用。

iOS 11　　　　　　MIUI 9　　　　　　Android 8.0

　　iOS、Android 和 MIUI 三個操作系統的資訊流都採用了
模組化設計，模組化設計可以借鑑原子設計的概念。原子設計
是由原子、分子、生物體、模板和頁面共同合作以創造出更有
效的使用者介面系統的一種設計方法，想了解更多內容請搜尋
「原子設計」。

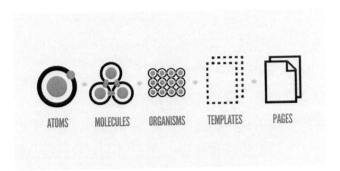

原子設計的概念圖

　　上文提到，語音助理可以觸達每個產品的常用功能甚至所有功能，有助於提高使用者的使用效率；全局性的人工智慧助理有助於整合資訊、自我學習，以提供更多幫助，所以未來我們後續的產品需要在人工智慧助理的基礎上進行設計。人工智慧助理包括了可以被隨時喚醒的語音助理，例如 Siri，它可以語音對話和提供資訊的展示；還包括了操作系統層面的 FEED，例如 MIUI 9 的資訊助理，它可以主動展示相關內容和入口。

　　在設計產品請關注以下幾點：

1. 為了方便使用者使用語音喚醒功能，產品功能應該是可以瞬間被理解的，喚醒詞應該是方便記憶和開口的，例如可以是映射到日常生活中的詞語，切勿使用讓人難以開口的喚醒詞；同時考慮喚醒詞的兼容性問題，例如不同方言有著不同叫法。

　　例如，「打開微信朋友圈」完全沒有問題，但「打開微信

我」就非常有問題，首先意思完全看不懂，其次使用者不
會第一時間想到。還有考慮多種叫法，錢包在粵語裡叫做
「銀包」，意思相同的詞語應該可以相互映射。

2. 聚合不同功能的頁面設計是為了方便管理和發現入口，但
本身對使用者來說沒有太大意義。後續請減少讓使用者費
神思考和記憶的聚合頁面，這樣可以避免被語音助理或系
統 FEED 喚醒時，展示的全是功能入口（除非這頁面便於
使用者理解以及裡面的功能非常重要）。

   例如，微信第三個 tab 承載著不同功能，使用者可能知道
「朋友圈」、「搖一搖」，但可能想不到這個聚合頁面叫
「發現」，因為「發現」這動詞太抽象，使用者難以第一
時間想到。而使用者想到「錢包」時更多聯想到的是真實
世界裡裝錢的那個錢包，但微信的錢包功能包括了各種金
融、O2O 服務，不符合使用者第一時間下的心理預期。

3. 不同設計對象請考慮模組化設計，盡可能採用不同入口和
頁面管理設計對象，方便使用者喚醒設計對象。例如，設
計對象有可能是一個功能，也有可能是通訊錄中的一個名
字，它們的屬性和功能相同，但使用者的記憶對象不同。

4. 常用功能允許被系統 FEED 匯集，方便使用者第一時間使
用。系統 FEED 也會相應地提供入口打開相關產品。

5. 考慮避免常用功能與其他功能的耦合，降低系統 FEED 的
結構複雜性和操作成本。例如，在微信朋友圈可以進入朋

友的詳細資料並進行聊天，朋友圈和聊天兩個常用功能可以不斷循環，耦合緊密會導致資訊架構變複雜。從產品和使用者角度設計完全沒有問題，但不符合 FEED 的輕量結構。第 4 點在 FEED 內提供產品入口就是為了在完全分隔功能的情況下做出體驗補償。

6. 具有操作性的功能例如設置鬧鐘、查看天氣、購買機票等需要考慮頁面的資訊展示和操作流程，也需要考慮語音輸入的操作流程，兩者的操作步驟在使用者認知上需要統一。若做不到，請提供相應場景下的合理流程。

例如，眼睛接收資訊時可以隨處瀏覽，它具有空間和時間四個維度；耳朵接收資訊時只有時間這個維度，會導致同時接收或者篩選的資訊量具有很大差異。同理，這也是為什麼語音辨識發生錯誤時，用語音修正的成本遠比用鍵盤修正的成本大。

第 1、2、4 和 6 這四點更多考慮的是使用者在使用語音或打開 App 操作時可能會產生的不同心理預期，所以需要保證設計對象在這兩種操作上的一致性。而第 2、3 和 5 這三點是從模組化的角度來考慮，有助於減少功能的耦合，降低資訊架構的複雜程度。

4.2.3　下一代人工智慧助理

為了更了解使用者，人工智慧需要了解更多資料。在日常生活中，一名使用者特徵的主要資訊歸納為身分資訊、健康資料、興趣愛好、工作資訊、財產資料、信用度、消費資訊、社交圈、活動範圍 9 大類。

1. 身分資訊：姓名、性別、年齡、家鄉、身分證（身分證包含前 4 項）、帳號、現居住地址和家庭資訊。

2. 健康資料：基礎身體情況、醫療紀錄和運動資料。

3. 興趣愛好：飲食、娛樂、運動等方面。

4. 工作資訊：公司、職位、薪酬和同事通訊錄。

5. 財產資料：薪酬、存款、股票、汽車、不動產和貴重物品。

6. 信用度：由信用機構提供的徵信紀錄。

7. 消費資訊：消費紀錄（含商品類型、購買時間、購買價格和收貨地址）、消費水準和瀏覽紀錄。

8. 社交圈：通訊錄（含好友、同事、同學和親戚）和社交動態（含線下和線上）。

9. 活動範圍：外出紀錄、主要活動範圍和旅遊足跡。

以上各類資訊都有相關產品提供服務和資料紀錄，例如社交應用微信和陌陌、購物應用京東和淘寶、運動健康應用 Keep 等。如果各方面資料互通並提供給人工智慧，人工智慧就擁有了使用者更多的資料和特徵，更多應用和智慧硬體也可以透過

連接人工智慧了解使用者資訊，因而進行自我學習和最佳化。
總體來說，人工智慧能代表使用者，它也是最懂使用者的個人
助理。為了保證使用者資料不被洩露，以上的使用者特徵將以
API 的形式接入，第三方應用獲得使用者授權後才可訪問和儲
存相關資料，相關細節請看附錄一「針對使用者的人工智慧系
統底層設計」。

4.2.4 新的元件

除了使用者資料以 API 的方式接入，在後續將有更多的元
件封裝好交給開發者開發。例如，AR 是人工智慧中機器視覺
的重要展現，具有機器視覺能力的攝像模組可以將電子世界和
現實世界結合得更緊密，第三方應用接入攝像模組可以有更多
玩法。

語音辨識是人工智慧中自然語言的重要展現，第三方應用
接入系統語音模組可以優化自己的產品結構，提高使用者的操
作效率。

身分驗證模組類似於現在的 Oauth 協議，方便使用者註冊
和登錄第三方應用。身分資訊 API 提供的公開資訊減少了使用
者註冊時的資訊填寫成本，也有利於第三方應用獲取更完整、
更正確的資訊。應用註冊需要個人身分資訊已在國內實現，只
不過是由國家規定，第三方應用註冊時要求綁定手機號碼，而
手機號碼已與個人身分資訊掛鉤。

　　由於銀行想法和技術的滯後，給予中國第三方公司如阿里支付寶、騰訊財付通等創造行動支付的機會；蘋果、Google 在 iOS 和 Android 系統層面推出了自己的行動支付方式。但是多種支付方法都不利於個人帳單管理，在使用流程上微信、支付寶等掃二維碼的方法都不如系統層級使用 NFC 的 Apple Pay 方便。要統一支付流程，必須由國家機構推出新的政策來執行[06]，統一的支付模組有助於使用者行動支付和個人帳單管理。

4.2.5　手機的新形態

　　在中國有一家名叫「柔宇科技」的公司在柔性螢幕上已經累積了數千件知識產權與專有技術，它在 2014 年全球第一個發布了國際業界最薄、厚度僅為 0.01 公釐的全彩 AMOLED 柔性顯示器，幾乎是髮絲的 1/5，而且在彎折 10 萬次後依然可以實現高品質的顯示效果。在 2018 年，柔宇科技的柔性螢幕已經發展到第六代。此外，三星計劃在 2019 年推出代號為 Winner 的 Galaxy 可折疊智慧手機，一款 7 英吋柔性螢幕的手機設備能折疊到錢包大小。同時美國專利商標局對蘋果公司授予了一項名為「配置可折疊螢幕電子設備」的專利，我們可以想像，在未來數年內，隨處都能看到人們在用可折疊手機。

06　中國央行已宣布從 2018 年 6 月 30 日起，類似支付寶、財付通等第三方支付公司受理的、涉及銀行帳戶的網路支付業務，都必須透過「網聯支付平臺」處理。同時，國家已關注人工智慧服務社會信用體系的建設工作，騰訊也開始建設自家信用體系，在不久的將來相信個人徵信也會被國家機構統一。

　　柔性顯示技術將革命性地改變消費電子產品的現有形態，相比傳統的顯示器技術，柔性螢幕顯示具有眾多優點，例如輕薄、可捲曲、可折疊、方便攜帶、不易碎等。柔性螢幕短期內可能對智慧手機產生根本性的顛覆，它比現在的硬螢幕手機有更多的互動方式，長期甚至可能改變智慧家居的產業格局，它會對未來的人機互動方式帶來深遠的影響。

透過彎曲螢幕模擬翻書效果

　　在未來，手機螢幕將變得更大，展開時它可能會達到平板電腦大小，有更多的顯示空間展示內容，同時我們設計時也要考慮折疊時資訊的展現。柔性螢幕還可以彎曲成手環的形狀，直接戴在手上。當手機可以在手環、手機、平板三個狀態靈活切換時，我們需要考慮這三種狀態對使用者來說意味著什麼，同時也要考慮如何在可變化、更有效的利用空間內展示內容，切換狀態時不同元件的過渡動態效果也將成為互動和視覺的難題。

柔性螢幕手機概念圖

4.3　三維空間下的互動設計

　　二維平面的互動是人為設定的，情景幾乎是不會發生變化的；而人所在的三維空間很複雜，情景也會隨著人與任意對象之間的任務而發生變化，同時互動的方式也會根據當前情景發生變化。舉一個簡單的例子，假設我們有一副來自未來的 AR 眼鏡，當我們在日常工作中會隨時走來走去，AR 眼鏡反饋給我們的內容應該根據環境、視線焦點、當前任務等條件進行動態變化，這時候我們可以透過手勢、語音等多種方式與內容進行互動；而我們使用手機時，每次打開都是相同的頁面。三維空間下的互動遠比二維平面的互動複雜，以下分析三維空間的互動設計需要注意哪些事項。

4.3.1　三維空間互動設計的共通點

　　使用者在三維空間下的主要互動對象可以分為虛擬介面和真實物體兩大類，虛擬介面包括 VR、AR 和 MR（下文統稱 XR），真實物體則為各種智慧硬體，我認為它們的設計共通點主要有三點：①考慮多模態互動；②根據空間定位做出回應；③考慮情境理解。

考慮多模態互動

　　在第一節已經提到人類應該可以透過多種互動方式直觀地與電腦進行互動，而且已經對各種感官以及互動方式有所解釋。在三維空間下，最主要的互動方式是語音互動以及基於體態語言理解的互動。語音互動可以突破距離的限制進行遠程操作，同時它也是絕大部分使用者都懂的互動方式。體態語言理解是人機互動領域中的核心技術，包括肢體語言及空間語言，肢體語言的相關內容請回顧第一節，空間語言請看下一點。

根據空間定位做出回應

　　空間語言指的是社會場合中人與人身體之間所保持的距離間隔。空間語言是無聲的，但它對人際交往具有潛在的影響和作用。美國人類學家愛德華·霍爾在經典著作《近體行為的符號體系》中將人類的空間區域距離分為：親密距離、個人距離、社交距離以及公共距離，以下是來自百度百科的解釋：

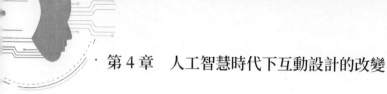

- **親密距離**（0～46公分）：其語義為「親切、熱烈、親密」，在這個距離內可以感受到對方的體熱和氣味，溝通更多依賴觸覺。在通常情況下，只允許父母、夫妻、情侶或孩子進入這一範圍。其中 0～15 公分為近位親密距離，常用於戀人和夫妻之間，表達親密無間的感情色彩；16～46 公分為遠位親密距離，是父母與子女、兄弟、姐妹間的交往距離。

- **個人距離**（46～120 公分）：其語義為「親切、友好」。這種距離是朋友之間溝通的適當距離，如雞尾酒會、友誼聚會或派對中的人際距離。其中 46～75 公分為近位個人區域，在這一區域人們可以保持正常視覺溝通，又可以相互握手。陌生人進入這個距離會構成對別人的侵犯；76～120 公分為遠位個人區域，熟人和陌生人都可以進入這一區域。

- **社交距離**（1.2～3.6 公尺）：其語義為「嚴肅、莊重」。這種距離的溝通不帶有任何個人情感色彩，用於正式的社交場合。在這個距離內溝通需要提高談話的音量，需要更充分的目光接觸。如政府官員向下屬傳達指示、單位主管接待來訪者等，都往往處於這一距離範圍內，適合於社交活動和辦公環境中處理業務等。

- **公共距離**（3.6 公尺以上）：其語義為「自由、開放」。這是人們在較大的公共場所保持的距離，是一切人都可以自由出入的空間距離。

在未來使用者周圍一定有很多可互動的設備,如果全部的設備經常與使用者互動,我們可以想像被一群吵吵嚷嚷的孩子包圍的感覺是怎樣的。因此我們設計的任意對象應該根據使用者與設計對象之間的距離做出不同的回應,以下是我的觀點:

- 處於社交距離以及公共距離(大於 120 公分)時設計對象應該保持沉默狀態。
- 處於遠位親密距離以及個人距離(16 ~ 120 公分)時設計對象應該處於已啟動狀態,隨時可以與使用者進行互動,同時可以考慮適當地主動與使用者進行互動,例如主動展示資訊以及打招呼。
- 處於近位親密距離(0 ~ 15 公分)時候設計對象與使用者之間的資訊交換應該是毫無保留的,還有設計對象主動與使用者互動的次數可以考慮適當增加。
- 若有緊急狀況或者使用者定製的資訊需要提醒使用者,可忽略距離限制及時告知使用者。若距離過遠請考慮最合適的方式通知使用者。
- 語音和焦點可以突破空間的距離而發生互動。

目前我們主要用到的空間定位技術有 SLAM(simultaneous localization and mapping,即時定位與地圖構建)和 6 DOF(degree of freedom,自由度)。SLAM 主要用在智慧機器人上。機器人可以在未知環境中從一個未知位置開始移動,在移

動過程中根據位置估計和地圖進行自身定位，同時在自身定位
的基礎上建造增量式地圖，實現機器人的自主定位和導航。6
DOF 主要用在 XR 上，它能映射出使用者在現實世界中是如何
移動的。6 DOF 分成兩種不同的類型：平移運動和旋轉運動，
任何運動都可以透過 6 DOF 的組合進行表達。

考慮情境理解

　　使用者同樣的輸入，在不同的情境下可能會有不同的意圖；
當使用者操作的環境是在三維空間時，隨著操作對象不斷變化，
使用者的操作和意圖會更加複雜而且發生動態變化，使情境的動
態性問題更加突出。設計對象之間的資料互通能更好地分享使用
者在不同設計對象上的操作和意圖，實現更好的情境理解。

4.3.2　虛擬介面

　　關於 XR，設計時需要注意以下幾點：

建立規則

　　在面對一個全新的事物時，人們更希望能將它和熟悉的事
物進行對比來獲取認知，這也是為什麼早期 GUI 的設計會參
考這麼多現實中的真實事物，包括它們的樣式以及互動方式。
在構建豐富的虛擬實境體驗時，為了讓使用者更容易沉浸在我
們所設想的現實之中，應該一開始就要快速向使用者講解這個
世界的規則，例如這裡的重力、摩擦力、慣性等物理因素是否

與我們所認知的一樣,這是充滿獸人與黑暗魔法師的世界還是1888年開膛手傑克四處殺人的倫敦東區⋯⋯如果存在魔法,說不定使用者就能吟唱咒語使用魔法;如果有殺人兇手,說不定使用者就是可擊斃他的探長,擁有傑出的射擊能力。

在創建 AR 或 MR 體驗時,我們的主要目標幾乎與 VR 完全相反。在 AR 和 MR 中,我們的重點是把內容帶到現實世界,讓它和我們的現實世界一樣,但是可以為使用者帶來神奇的感受。需要注意的是,你遵循的現實規則越多,體驗看上去就越扎根於現實,這樣使用者才能預期即將出現哪種互動方式,以及使用者介面存在哪種選項。

用正確的元素構建適合的世界

不同世界有著不同的風格和材料設計,以下幾點都是設計時必須考慮的:

· 光線:現實世界中總是充滿光影,陰影是影響使用者感受到的視覺真實性的重要因素之一。有研究指出,在虛擬場景中使用動態移動的陰影,要比使用靜態陰影或者沒有陰影能引發更強的臨境感。微軟的 Fluent Design 認為光線是一種輕量、合理、能夠提供給使用者邀請的互動方式;而 Material Design 透過光線引入了陰影,它們都希望把自己的設計語言立意在大自然的基礎上,因而更貼近人們的生活。

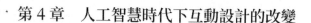

- 聲音：聲音對臨場感有很大的影響。有研究表明，與沒有特定方位的聲音或沒有聲音相比，有特定方位的聲音會增強使用者的臨場感；另外，在虛擬場景中與視覺資訊同步的聲音可以提高使用者的自我運動感，而這種自我運動感的提升也有助於增強臨場感。
- 觸覺反饋：觸覺反饋對提升臨場感的作用非常明顯，尤其是觸碰到物體時如果缺乏觸感會讓大腦感到困惑，現在許多企業與研究機構非常重視觸覺模擬的研發，也正是看到了觸覺模擬對於提升臨境感的重要性。
- 運動設計：運動設計對於 XR 的 UI 表現和互動體驗來說都是至關重要的一環。我們可以想像一下電影中的運動設計，運動的無縫過渡讓你能夠專注於故事，為你帶來真實體驗。可以將這些感覺融入設計，引導人們在觀影過程中輕鬆從一個任務跳轉到另一個任務。

考慮合適的環顧方式

　　由於「眼鏡、手機」組合的低等級 VR 設備不具備檢測使用者身體位移的能力，所以在使用過程中使用者很少需要發生位移；此外，360°全景影片的拍攝也是以一點為中心拍攝其周圍360°的影像，在觀看時，使用者是處於攝影機的位置對周圍進行觀察，所以以使用者為中心環顧視角的方式被多數 VR 產品使用。但是，當使用者細緻觀察某件物品時，是以它為中心環

顧的方式來觀看的，因此我們也要兼顧以物體為中心環顧的方式來設計整個 XR 產品。

考慮合適的閱讀距離

很多事情會影響介面的可讀性，例如字體的大小、對比度、間距等，在 XR 中會增加另外一個因素：深度。深度是微軟 Fluent Design 中最重要的內容。深度不僅可以表現 UI 元素的層次及重要程度，更可以表現虛擬物體在 3D 空間中的方位，例如相同的物體顯示大小不一樣，我們可以知道哪一個離我們更近。因此我們應該將深度融入虛擬介面中，將平面的二維介面轉化為能創建視覺層次、更豐富、更有效呈現資訊和概念的介面。

以下是 Google VR 設計團隊在 Cardboard Design Lab 中總結的有關閱讀距離的經驗：

- 0.5 公尺：當文本離你太近時會讓眼睛很難聚焦，尤其是在近焦平面和遠焦平面之間移動時。
- 1.0 公尺：這是維持介面良好可讀性的最近距離，但是時間一長，這麼近的文本仍然會引起眼睛疲勞。
- 1.5 公尺：文本可以被舒適地閱讀，但是在遠近之間切換焦點還是可能引起眼睛的疲勞。
- 2.0 公尺：當文本再遠一點，立體的效果就會減少，但這有助於減少眼睛的疲勞。從 2 公尺開始，對象更容易被聚焦（最終的閱讀效果要看使用哪種 VR 鏡片）。

· 3.0 公尺：這是較好的介面顯示距離，它閱讀起來不僅清晰舒服，而且不會干擾大多數場景。
· 6.0 公尺：更遠的距離保持介面的可讀性也是有可能的，但是距離靠前的物體可能會遮擋到介面因而降低文本的可讀性，如果不遮擋又可能會讓使用者覺得有點怪。

而在微軟的 Mixed Reality 設計規範中，推薦介面的顯示區域介於 1.25 公尺和 5 公尺之間。2 公尺是最理想的顯示距離。當顯示距離越接近 1 公尺，在 z 軸上經常移動的介面比靜止的介面更容易出現問題。

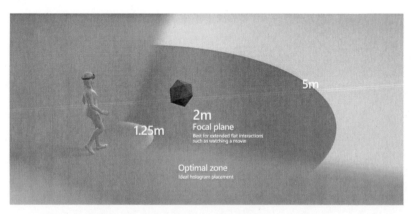

微軟 Mixed Reality 對於介面距離顯示的觀點

切記，以上觀點只適用於頭戴顯示器，不一定適用於手機上的 AR 產品。

考慮凝視互動

頭部追蹤將為頭戴設備提供新的輸入方式。使用者可以透過旋轉頭部以及凝視某個物體的方式告知應用程式他們的意圖和興趣點是什麼，類似於 PC 時代的游標定位。在 XR 中，我們可以考慮在螢幕中間放置一個固定焦點來做視覺輔助，這樣有助於使用者知道哪個物體正在你的視覺中心上。同時我們應該將凝視互動用於附近或者大型對象上，因為使用者嘗試將焦點聚焦在一個遙遠或者小型對象上，需要頭部做出精細且不自然的運動，會讓使用者感覺很痛苦（類似於 GUI 裡的費茲定律）。

上文提及透過焦點可以突破空間的距離而發生互動，我覺得透過這種互動方式可以實現很多有趣的玩法，例如凝視某個位置就能閃現到那個位置上，或者手指向某個物體就能把這個物體吸過來，這些在魔幻電影或者遊戲中才能看到的畫面，都可以在虛擬世界中輕而易舉地做到。在 XR 中，只有你想不到，沒有做不到。關於 XR 相關的更多設計內容，可以參考微軟提出的 Fluent Design、Mixed Reality 設計規範和 Google 的官方 AR 設計指南，這應該是 2018 年 9 月前最為全面的設計規範了。

4.3.3　智慧硬體

如果說 XR 在未來一段時間內都需要使用者主動使用才能工作，那麼你的產品設計可以天馬行空（因為目前 AR 和 MR 還沒研發出使用者可以經常穿戴的產品，使用者不會經常攜帶）。但是智慧硬體是絕對不行的，因為智慧硬體需要存活在使用者生活中。使用者主動和設備互動的時間和次數相對較少，那麼使用者不主動發起交流時設備該幹嘛呢？可能大家會想，如果使用者不注意到產品，那怎麼記得使用產品呢？我認為這是非常危險的想法。如果每個智慧硬體都在使用者周圍嘰嘰喳喳，使用者的生活怎麼過？因此我的見解是不應該經常打擾使用者，產品只需要安靜地提供服務就好了。

「安靜地提供服務」是一個既矛盾又合理的答案。矛盾的地方在於當產品提供服務的時候使用者必定能感知到，這時候其實已經打擾到使用者了；合理的地方在於如果每次使用者使用產品時都需要走到設備跟前操作，那麼這款產品一點都不智慧。

要實現「安靜地提供服務」，主要的解決思路其實就是我們熟知的場景化設計。前面提到的「透過使用者的空間定位來做出回應」觀點也屬於場景化設計之一。除了空間定位外，還可以透過時間、觸發事件來做場景化設計。以白領使用者為例，工作日使用者在家使用設備的時間可以分為起床後至出門前，以及下班後至睡覺前這兩段時間，但裡面還有很多細節可以考慮：

1. 快到鬧鐘響起的時候，設備能提供什麼服務？
2. 使用者醒後睡意朦朧，這時候設備能提供什麼服務？
3. 使用者洗漱、穿衣和吃早餐的時間內，設備能提供什麼服務？
4. 使用者出門前設備能提供什麼服務？

　……

　　在不同的時間段內，使用者的行為會發生不同的變化，這時候產品服務是否需要根據使用者行為做出變化？這樣使用者可以隨時「臨幸」產品，都不需要過多的操作而且用完即走。

　　除了場景化設計外，為了更好地做到「安靜地服務使用者」，我們要考慮待機情況下的幾點細節：

1. 設備待機時是否耗電？
2. 設備待機時可以關閉哪些器件？
3. 設備待機時風扇聲等噪音是否會影響到使用者？
4. 使用者突然把家裡電源關掉並重啟後，設備是否自動重啟？
5. 使用者在重新啟動設備時是否很麻煩，甚至會有安全問題？

　　第1、2、3點直接影響到使用者是否願意讓設備長時間處於待機狀態；第4點直接影響到設備能否自行地長時間運行，因為使用者很有可能會隨時把電源關掉；第5點看起來有點搞笑，但這是整個產品設計的大前提，例如有些設備需要安裝在天花板上，會導致使用者需要經常爬梯子上去打開設備，這

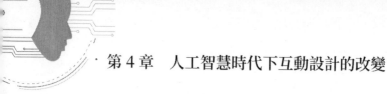

時候會有安全上的風險。以上幾點能直接影響到硬體的電路設計，如果考慮不周全，最後的結果就是產品會被使用者經常關閉，可互動的次數大幅度減少。同時硬體上的問題也會直接影響每個功能的設計，最終也會影響產品如何與使用者進行互動。

　　未來應該會出現更多多功能合一的產品，這時候要考慮每個功能的屬性、使用頻率以及使用時長等問題，這些因素也會導致產品如何與使用者進行互動。以智慧音箱和臥室燈結合為例子：智慧音箱預設是長時間打開，隨喚隨用的產品；而臥室燈的使用頻率和時長是由使用者生活習慣決定的，有些使用者出了房間後可能會隨時關燈，這時候會直接導致共用同一條電線的智慧音箱斷電而無法使用，智慧音箱隨喚隨用的特點也會隨之消失，同時很有可能每次使用者開燈時，智慧音箱的啟動聲音會嚇使用者一跳，導致整個產品體驗起來會非常怪異。

　　關於智慧硬體的互動設計知識還有很多很多，在此就不一一列舉。最後，當生活中充斥著各種智慧硬體時，我們應該考慮和多方廠商進行合作，為使用者帶來更優質的生活體驗。同時生活中的點點滴滴都可能對一個人造成潛移默化的影響，因此我們也需要考慮產品是否會給使用者的生活以及周圍的親人尤其小孩帶來影響，畢竟生活和親人才是最重要的。

4.4 語音互動設計

　　對話是人與人之間交換資訊的普遍方式。人可以在交流時透過判別對方的語氣、眼神和表情判斷對方表達的情感，以及根據自身的語言、文化、經驗和能力理解對方所發出的資訊，但對於只有 0（false）和 1（true）的電腦來講，理解人的對話是一件非常困難的事情，因為電腦不具備以上能力，所以目前的語音互動主要由人來設計。有人覺得語音互動就是設計怎麼問怎麼答，看似很簡單也很無聊，但其實語音互動設計涉及系統學、語言學和心理學，因此它比 GUI 的互動設計更加複雜。

　　要做好一個語音互動設計，首先要知道自己的產品主要服務對象是誰？單人還是多人使用？第二，要對即將使用的語音智慧平臺非常了解；第三，要考慮清楚自己設計的產品使用在哪，純語音音箱還是帶螢幕的語音設備？了解完以上三點，你才能更好地去設計一款語音產品。考慮到目前市場上 Alexa、Google Assistant、DuerOS、AliGenie 等語音智慧平臺都有各自的優缺點，以下講述的語音互動設計將是通用的、抽象的，不會針對任意一款語音智慧平臺。

4.4.1　語音互動相關術語

在設計語言互動之前，我們先了解一下與語音互動相關的術語：

- **技能（skill）**：技能可以簡單理解為一個應用。當使用者說「Alexa[07]，我要看新聞」或者說「Alexa，我要在京東上買東西」時，使用者將分別打開新聞和京東購物兩項技能，而「新聞」和「京東」兩個詞都屬於觸發該技能的關鍵字，也就是打開該應用的入口，後面使用者說的話都會優先匹配該項技能裡面的意圖。由於使用者呼喊觸發詞會加深使用者對該品牌的記憶，因此觸發詞具有很高的商業價值。

- **意圖（intent）**：意圖可以簡單理解為某個應用的功能或者流程，主要滿足使用者的請求或目的。意圖是多句表達形式的集合，例如「我要看電影」和「我想看 2001 年劉德華拍攝的動作電影」兩種表達方式都可以屬於同一個影片播放的意圖，只是表達方式不一樣。意圖要隸屬於某項技能，例如「京東，我要買巧克力」這個案例，「我要買巧克力」這個意圖是屬於「京東」這個技能的。而當使用者只說「Alexa，我要買巧克力」，如果系統不知道這項意圖屬於哪

07　「Alexa」是喚醒語音設備的喚醒詞，相當於手機的解鎖頁面，同時也是便捷回到首頁的 home 鍵。目前的語音設備需要被喚醒才能執行相關操作，例如「Alexa，現在幾點？」「Alexa，幫我設定一個鬧鐘」。這樣設計的好處是省電以及保護使用者隱私，避免設備長時間錄音。

個技能時，是無法理解並且執行的。但是，有些意圖不一定依賴於技能，例如「Alexa，今天深圳天氣怎麼樣」這種意圖就可以忽略技能而直接執行，因為它們預設屬於系統技能。當語音設備上存在第三方天氣技能時，如果使用者直接喊「Alexa，今天深圳天氣怎麼樣」，系統還是會直接執行預設的意圖。我們做語音互動更多是在設計意圖，也就是設計意圖要怎麼理解以及執行相關操作。

· **辭典（dictionary）**：辭典可以理解為某個領域內詞彙的集合，是使用者與技能互動過程中的一個重要概念。例如「北京」、「廣州」、「深圳」都屬於「中國城市」這項辭典，同時屬於「地點」這項範圍更大的辭典；「下雨」、「颱風」、「天晴」都屬於「天氣」這項辭典。有些詞語會存在於不同辭典中，不同辭典的調用也會影響意圖的辨識。例如「劉德華」、「張學友」、「陳奕迅」都屬於「男歌星」這項辭典，同時他們也屬於「電影男演員」這項辭典。當使用者說「我要看劉德華電影」的時候，系統更多是匹配到電影男演員的「劉德華」；如果使用者說「我想聽劉德華的歌」，系統更多是匹配到男歌星辭典裡的「劉德華」。如果使用者說出「打開劉德華」這類模稜兩可的話時，系統就無法決策究竟是匹配影片意圖還是歌曲意圖，需要人為設計相關的策略來匹配意圖。

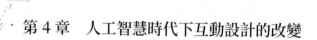

- **詞槽（slot）**：詞槽可以理解為一句話中所包含的參數是什麼，而槽位是指這句話裡有多少個參數，它們直接決定系統能否匹配到正確的意圖。舉個例子，「今天深圳天氣怎麼樣」這項天氣意圖可以拆分成「今天」、「深圳」、「天氣」、「怎麼樣」四個詞語，那麼天氣意圖就包含了「時間」、「地點」、「觸發關鍵字」、「無義詞」四個詞槽。詞槽和辭典是有強關係的，同時詞槽和槽位跟語言的語法也是強相關的。例如「聲音大一點」這句話裡就包括了主詞（subject）、動詞（predicate）和狀語（adverbial，修飾動詞用的），如果缺乏主詞，那麼語音智慧平臺是不知道哪個東西該「大一點」。在設計前，我們要先了解清楚語音智慧平臺是否支持詞槽狀態選擇（可選、必選）、是否具備類化能力（generalization ability）以及槽位是否支持萬用字元。詞槽和槽位是設計意圖中最重要的環節，它們能直接影響你未來的工作量。

- **類化（generalize）**：一個語音智慧平臺的類化能力將直接影響系統能否聽懂使用者在說什麼以及設計師的工作量大小，同時也能反映出該平臺的人工智慧水準到底怎麼樣。究竟什麼是類化？類化是指同一個意圖有不同表達方式，例如「聲音幫我大一點」、「聲音大一點」、「聲音再大一點點」都屬於調節音量的意圖，但是表達的差異可能會直接導致槽位的設計失效，因而無法辨識出這句話究竟是什麼意

思。目前所有語音智慧平臺的類化能力普遍較弱，需要設計師源源不斷地將不同的表達方式寫入系統裡。詞槽和槽位的設計也會影響類化能力，如果設計不當，設計人員的工作可能會翻好幾倍。

- **萬用字元（wildcard Character）**：萬用字元主要用來進行模糊搜尋和匹配。當使用者查找文字時不知道真正的字符或者懶得輸入完整名稱時，常常使用萬用字元來代替字符。萬用字元在意圖設計中非常有用，尤其是資料缺乏導致某些辭典資料不全的時候，它能直接簡化製作辭典的工作量。例如「XXX」為一個萬用字元，當我為「影片播放」這項意圖增加「我想看 XXX 電影」這項表達後，無論 XXX 是什麼，只要系統命中「看」和「電影」兩個關鍵字，系統都能打開影片應用搜尋 XXX 的電影。但是，萬用字元對語音互動來說其實是一把雙刃劍。假設我們設計了一個「打開 XXX」的意圖，當使用者說「打開電燈」其實是要開啟物聯網中的電燈設備，而「打開哈利波特」其實是要觀看《哈利波特》的系列電影或者小說。當我們設計一個「我要看 XXX」和「我要看 XXX 電影」兩個意圖時，很明顯前者包含了後者。萬用字元用得越多，會影響詞槽和槽位的設計，導致系統辨識意圖時不知道如何對眾多符合的意圖進行排序，所以萬用字元一定要合理使用。

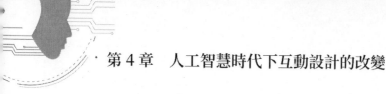

· 自動語音辨識技術（automatic speech recognition, ASR）：將語音直接轉換成文字，有些時候由於語句裡某些詞可能聽不清楚或者出現二義性會導致文字出錯。

4.4.2　語音智慧平臺如何聽懂使用者說的話

語音互動主要分為兩部分，第一部分是「聽懂」，第二部分才是與人進行互動。如果連使用者說的是什麼都聽不懂，那麼就不用考慮後面的流程了。這就好比打開的所有網頁連結全是 404 一樣，使用者使用你的產品會經常感受到挫敗感。因此能否「聽懂」使用者說的話，是最能展現語音產品人工智慧能力的前提。

決定產品是否能聽懂使用者說的大部分內容，主要由語音智慧平臺決定，我們在做產品設計前需要先了解清楚語音智慧平臺的以下 6 個方面：

1. 了解當前使用的語音智慧平臺 NLU（natural language understanding，自然語言理解）能力如何，尤其是其是否具備較好的類化能力。NLU 是每個語音智慧平臺的核心。
2. 了解系統的意圖匹配規則是完全匹配還是模糊匹配。以聲音調整作為例子，假設聲音調整這個意圖由「操作對象」、「調整」和「狀態」三個詞槽決定，「聲音提高一點」這句話裡的「聲音」、「提高」和「一點」分別對應「操作對

象」、「調整」和「狀態」三個詞槽。如果這時候使用者說「請幫我聲音提高一點」，這時候因為增加了「請幫我」三個字導致意圖匹配不了，那麼該系統的意圖匹配規則是完全匹配，如果能匹配成功說明意圖匹配規則支持模糊匹配。只支持詞槽完全匹配的語音智慧平臺幾乎沒有任何類化能力，這時候設計師需要考慮透過構建辭典、詞槽和槽位的方式實現意圖類化，這非常考驗設計師的語言理解水準、邏輯能力以及對整體辭典、詞槽、槽位的全局設計能力，我們可以認為這項任務極其艱巨。如果語音智慧平臺支持詞槽模糊匹配，說明系統採用了辨識關鍵字的做法，以剛剛的「請幫我聲音提高一點」作為例子，系統能辨識出「聲音提高一點」分別屬於「操作對象」、「調整」和「狀態」三個詞槽，然後匹配對應的意圖，而其他文字「請幫我」或者「請幫幫我吧」將會被忽略。模糊匹配能力對意圖的類化能力有明顯的提升，能極大減少設計師的工作量，因此要盡可能選擇具備模糊匹配能力的語音智慧平臺。

3. 當前使用的語音智慧平臺對語言的支持程度如何。每種語言都有自己的語法和特點，這導致了目前的 NLU 不能很好地支持各種語言，例如 Alexa、Google Assistant 和 Siri 都在深耕英語英文的辨識和理解，但對漢語中文的理解會相對差很多，而國內的 DuerOS、AliGenie 等語音智慧平臺則相反。

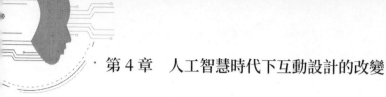

4. 有些辭典我們很難透過手動的方式收集完整，例如具有時效性的名人辭典還有熱詞辭典。如果收集不完整最終結果就是系統很有可能不知道你說的語句是什麼意思。這時候我們需要官方提供的系統辭典，它能直接幫助我們減輕大量的工作。系統辭典一般是對一些通用領域的詞彙進行整理的辭典，例如城市辭典、計量單位辭典、數位辭典、名人辭典還有音樂辭典等。因此我們需要了解當前使用的語音智慧平臺的系統辭典數量是否夠多，每個辭典擁有的詞彙量是否齊全。

5. 了解清楚語音智慧平臺是否支持客戶端和服務端自定義參數的傳輸，這一項非常重要，尤其是對帶螢幕的語音設備來說。我們做設計最注重的是使用者在哪個場景下做了什麼，簡單點就是 5W1H：What（什麼事情）、Where（什麼地點）、When（什麼時候）、Who（使用者是誰）、Why（原因）和 How（如何），這些都可以理解為場景化的多個參數。據我了解，有些語音智慧平臺在將語音轉換為文字時是不支援傳輸傳自定義參數的，這可能會導致你在設計時只能考慮多輪對話中的上下文，無法結合使用者的地理位置、時間等參數進行設計。為什麼說自定義參數對帶螢幕語音設備非常重要？因為使用者有可能說完一句話就直接操作螢幕，然後繼續語音對話，如果語音設備不知道使用者在螢幕上進行什麼樣的操作，可以認為語音智

慧平臺是不知道使用者整個使用流程是怎麼樣的。在不同場景下，使用者說的話都可能會有不同的意圖，例如使用者在愛奇藝 App 裡說「周杰倫」，是想看與周杰倫相關的影片；如果在 QQ 音樂 App 裡說「周杰倫」，則是想聽周杰倫唱的歌曲。因此，Where 除了指使用者在哪座城市，還可以指使用者目前在哪個應用裡。

6. 當前使用的語音智慧平臺是否支持意圖的自定義排序。其實，意圖匹配並不是只匹配到一條意圖，它很有可能匹配到多個意圖，只是每個意圖都有不同的匹配機率，最後系統只會召回機率最大的意圖。在第 5 點已提到，在不同場景下使用者說的語句可能會有不同的意圖，所以意圖應該根據當前場景進行匹配，而不只是根據詞槽來辨識。因此語音智慧平臺支持意圖的自定義排序非常重要，它能根據特定參數匹配某些低機率的意圖，實現場景化的理解。當然，只有在第 5 點可實現的情況下，意圖自定義排序才有意義。

7. 當前使用的語音智慧平臺是否支持表達方式的自定義排序。可以認為，表達方式是由詞槽和槽位決定的。如果有些表達方式的槽位使用了萬用字元，必定對其他表達方式造成影響。例如在前文提到的例子，「我想看電影」可以理解為「我想看」＋「萬用字元」，這是一個模糊搜尋；而「我想看 2001 年劉德華拍攝的動作電影」可以理解為

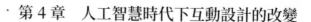

「我想看」+「時間」+「人物」+「萬用字元」，這是一個精準搜尋，前者的範圍遠比後者要廣。如果沒有自定義排序，當使用者說「我想看 2001 年劉德華拍攝的動作電影」，機器可能直接搜尋「2001 年劉德華拍攝的動作電影」，最後匹配不到資料庫裡的資訊。因此，應該把更模糊、槽位更少的表達方式放在靠近後面的位置。

8. 當前使用的語音智慧平臺是否支持聲紋辨識。一臺語音設備很有可能被多個人使用，而聲紋辨識可以區分當前正在使用設備的使用者到底是誰，有助於針對不同使用者給出個性化的回答。

4.4.3　設計「能聽懂使用者說什麼」的智慧語音產品

當我們對整個語音智慧平臺有較深入的理解後，就可以開始設計一套「能聽懂使用者說什麼」的智慧語音產品。為了讓大家對語音互動設計有深入淺出的理解，以下內容將為帶螢幕設備設計一款智慧語音系統作為例子，使用的語音智慧平臺不具備類化能力，但是它可以自定義參數傳輸和意圖自定義排序。整個設計過程分為系統全局設計和意圖設計。

系統全局設計主要分為以下步驟：

1. 如果跟我們對話的「人」性格和風格經常變化，那麼我們可能會覺得他有點問題，所以要為產品賦予一個固定的人物形象。首先，我們需要明確使用者群體，再根據使用者群體的畫像設計一個虛擬角色，並對這個角色進行畫像描述，包括性別、年齡、性格、愛好等，還有採用哪種音色。如果還要在螢幕上顯示虛擬角色，那麼還要考慮設計整套虛擬角色的形象和動作。完整的案例可以參考微軟小冰，微軟把小冰定義成一位話非常多的 17 歲高中女生，並且為小冰賦予了年輕女性的音色以及一整套少女形象。

2. 考慮產品目的是什麼，將會為使用者提供哪些技能（應用），這些技能的目的是什麼？使用者為什麼要使用它？使用者透過技能能做什麼和不能做什麼？使用者可以用哪些方式調用該技能？還有產品將會深耕哪個垂直領域，是智慧家居控制？音樂？影片？體育？資訊查詢？閒聊？由於有些意圖是通用而且使用者經常用到的，所以每個領域可能會有意圖重疊。例如「打開哈利波特」有可能屬於電子書意圖，也有可能屬於影片意圖，因此我們要對自己提供的技能進行先後排序，哪些是最重要的，哪些是次要的。在這裡我建議把資訊查詢和閒聊放在排序的最後，理由請看第三點。

3. 建立合適的兜底方案。兜底方案是指語音完全匹配不上意圖時提供的最後解決方案。當智慧語音平臺技術不成熟，

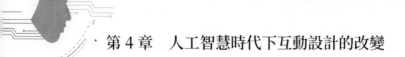

自己設計的語音技能較少，整個產品基本聽不懂人在說什麼的時候，兜底方案是整套語音互動設計中最重要的設計。兜底方案主要有以下三種：

- 以多種形式告知使用者系統暫時無法理解使用者的意思，例如「抱歉，目前還不能理解你的意思」「我還在學習該技能中」等。這種做法參考了人類交流過程中多變的表達方式，使整個對話不會那麼無聊、生硬。這種兜底方案的成本是最低的，並且需要結合虛擬角色一起考慮。如果這種兜底方案出現的頻率過高，使用者很有可能覺得你的產品什麼都不懂，很不智慧。

- 將聽不懂的語句傳給第三方搜尋功能。基本上很多問題都能在搜尋網站上找到答案，只是答案過多導致使用者的操作成本加大。為了體驗更好，建議產品提供百科、影片、音樂等多種搜尋入口。以「我想看哈利波特的影片」這句話為例子，我們可以透過正規表示式（regular expression）的技能挖掘出「影片」一詞，同時將「我想看」、「的」詞語過濾掉，最後獲取「哈利波特」一詞，直接放到影片搜尋裡，有效降低使用者的操作步驟。這種兜底方案能簡單有效地解決大部分常用的查詢說法，但用在指令意圖上會非常怪，例如「打開客廳的燈」結果跳去了百度進行搜尋，這時候會讓使用者覺得

產品非常傻；還有，如果在設計整個兜底方案時沒有全局考慮清楚，很有可能導致截取出來的關鍵字有問題，導致使用者覺得很難理解。

· 將聽不懂的語句傳給第三方閒聊機器人。有些累積較深的第三方閒聊機器人說不定能理解使用者問的是什麼，而且提供多輪對話，使整個產品看起來「人性化」一點。由於閒聊機器人本身就有自己的角色定位，所以這種兜底方案一定要結合虛擬角色並行考慮。而且第三方閒聊機器人需要第三方 API 支持，是三個兜底方案中成本最高的，但效果也有可能是最好的。

人與機器的對話可以概括為發送指令、查詢資訊和閒聊三種形式，以上三種兜底方案在實際應用時都各有優缺點，並且是互斥的。例如，使用者發出一個指令「請幫我打開屋裡的燈」，這時候機器給出一個搜尋結果就會非常尷尬；使用者閒聊「早上好啊」，這時候機器說「不好意思，我聽不懂你說的」也會很尷尬，因此設計師可以根據實際需求選擇最適合產品的兜底方案，要麼三選一，要麼透過更複雜的機制來確認需要使用的兜底方案。為了讓整個產品有更好的體驗，我們不能完全依賴最後的兜底方案，還是需要設計更多技能和意圖匹配更多的使用者需求。

4. 查看語音智慧平臺是否提供了與技能相關的垂直領域官方辭典，如果沒有就需要考慮手動建立自己的辭典。手動建立的辭典品質決定了你的意圖辨識準確率，因此建立辭典時需要注意以下幾點：

   · 該辭典是否有足夠的詞彙量，詞彙的覆蓋面決定了辭典品質，所以詞彙量是越多越好。

   · 該辭典是否需要考慮動態更新，例如名人、影片、音樂等類別辭典都應該支持動態更新。

   · 該辭典是否包含同義詞，例如醫院、學校等詞彙都應該考慮其他的常用叫法。

   · 如果想精益求精，還需要考慮詞彙是否是多音字，還有是否有常見的錯誤叫法。有時 ASR 會將語音辨識錯誤，因此還需要考慮是否需要手動糾正錯誤，雖然最後這個做法工作量可能非常大，但是能有效解決中國各種方言以及口音導致機器無法聽懂使用者說話的問題。

5. 在場景的幫助下，我們可以更好地理解使用者的意圖。由於我們的大部分設備都是使用開源的安卓系統，而且語音應用和其他應用都相互獨立，資訊幾乎不能傳輸，所以我們可以透過安卓官方的 API 獲取堆疊頂端應用資訊了解使用者當前處於哪個應用。舉個例子：使用者說出「劉德華」，如果這時候檢測到使用者處於騰訊影片應用，那麼就

發起關於劉德華影片的檢索；如果使用者處於 QQ 音樂，則發起關於劉德華音樂的檢索。如果使用者當前使用的應用是由我們設計開發的，我們還可以將使用者的一系列操作流程以及相關參數傳輸給伺服器進行分析，有助於我們更好地判斷使用者的想法是什麼，並前置最相關的意圖。

6. 撰寫腳本。腳本就像電影或戲劇裡的劇本一樣，它是確定對話如何互動的基本。可以使用腳本來幫助確認你可能沒考慮到的情況。撰寫腳本需要考慮以下幾點：

- 保持互動簡短，避免重複的短語。
- 寫出人們是如何交談的，而不是如何閱讀和寫作的。
- 當使用者需要提供資訊，則給出相應的指示。
- 不要假設使用者知道該做什麼。
- 向使用者提問時，一次只問一個問題。
- 讓使用者做選擇時，一次提供不超過三個選擇。
- 學會使用話輪轉換（turn-taking）。話輪轉換是一個不是特別明顯但是很重要的談話工具，它涉及了對話中我們習以為常的微妙信號。人們利用這些信號保持對話的往復過程。缺少有效的輪迴，可能會出現談話的雙方同時說話，或者對話內容不同步並且難以被理解的情況。
- 對話中的所有元素應該可以綁定在一起成為簡單的一句話，這些元素將是我們意圖設計中最重要的參數，因此要留意對話中的元素。

191

7. 最後我們要將腳本轉化為決策樹（decision tree）。決策樹跟我們理解的資訊架構非常相似，也是整個技能、意圖、對話流程設計的關鍵。這時候可以透過決策樹檢查整個技能設計是否有邏輯不嚴密的地方，因而最佳化整個產品設計。

以上是全局設計的相關內容，以下開始講述意圖設計。意圖設計主要包括以下內容：

1. 正如在前面提到的，意圖辨識是由詞槽（參數）和槽位（參數數量）決定的。當一個意圖的槽位越多，它的能力還有復用程度就越高；但是槽位越多也會導致整個意圖變得更複雜，出錯的機率就會越高，所以意圖設計並不是槽位越多就越好，最終還是要根據實際情況而決定。當我們設計詞槽和槽位時，請結合當前語言的語法和詞性一起考慮，例如每一句話需要考慮主謂賓結構，還有各種名詞、動詞、副詞、量詞和形容詞。

2. 當語音智慧平臺類化能力較弱時，可以考慮手動提升整體的類化能力。主要的做法是將常用的表達方式抽離出來成為獨立的辭典，然後每個意圖都匹配該辭典。

3. 如果設計的是系統產品，我們應該考慮全局意圖的設計。例如像帶螢幕智慧音箱、投影機都是有實體按鍵的，可以考慮透過語音命令的方式模擬按鍵操作，因而達到全局操

作。例如「上一條」、「下一個」、「打開 xxx」這些語音命令在很多應用內都能用到。

以下透過簡單的案例學習整個意圖是怎麼設計的，我們先從「開啟／關閉設備」意圖入手：

第一步：設計「執行辭典」和「設備辭典」，辭典如下：

執行辭典

首選詞	詞語其他常用表達
Turn_on	開啟、打開、開
Turn _off	關閉、關掉、關

設備辭典

首選詞	詞語其他常用表達
Light	電燈、燈、燈泡、燈光、光管、燈管、日光燈、螢光燈
Television	電視、彩電、彩色電視

第二步：設計「執行設備」的詞槽為「執行」+「設備」。無論使用者說「開燈」或者「打開光管」時都能順利匹配到「Turn_on」+「Light」；而使用者說「關掉彩電」或者「關電視」都能順利匹配到「Turn_off」+「Television」，因而執行不同的命令。

第三步：為了增加類化能力，我們需要設計一個「語氣辭典」，辭典如下：

語氣辭典

首選詞	詞語其他常用表達
Please	幫我、請、快幫我、能不能幫我
Suffix	吧、可以嗎、好嗎

　　第四步：增加意圖槽位。這時候把「執行」和「設備」兩個槽位設置為必選槽位，意思是對話中這兩個詞槽缺一不可，如果缺少其中之一需要多輪對話詢問，或者系統直接無法辨識。接著增加兩個都為「語氣」的可選槽位，可選槽位的意思是這句話可以不需要這個詞也能順利辨識。這時候使用者說「請開燈」、「能不能幫我開燈」都能順利匹配到「Please」+「Turn_on」+「Light」以及「Please」+「Turn_on」+「Light」+「Suffix」，由於「Please」和「Suffix」都屬於「語氣」可選詞槽的內容，所以兩句話最後辨識都是「Turn_on」+「Light」。透過參數相乘的方式，我們可以將整個「開啟／關閉設備」意圖分別執行 4 種命令，並類化數十種常用表達出來。

　　剛剛也提到，多輪對話的目的是為了補全意圖中全部必選詞槽的內容。當使用者家裡存在數盞燈時，系統應該將剛才的常用表達升級為「Please」+「Turn_on」+「Which」+「Light」+「Suffix」。當使用者說「打開燈」的時候，系統應該詢問「您需要打開哪一盞燈」，再根據使用者的反饋結果執行相關命令。這裡有個細節需要大家注意一下，如果是帶有螢幕的設備，我

們可以考慮把相關引導顯示出來，例如「客廳」、「臥室」等，這樣不僅可以減少使用者的思考成本，還可以根據具體需求優先顯示某個關鍵字或者廣告，因此具有極高的商業變現價值。

第五步：考慮是否增加萬用字元機制。如果我們建立不了更全面的辭典，那麼可以在常用表達裡加入萬用字元。舉個例子：「Please」+「Turn_on」+「全部設備：萬用字元 20 字」+「Suffix」。這時候「Turn_on」與「Suffix」之間的 20 個字內都預設為「全部設備」這個參數，你可以針對「全部設備」這個參數進行下一步的設計。這時候問題來了：

問題 1：如果「Turn_on」與「Suffix」之間超過 20 個字怎麼辦？

回答 1：這個就要根據場景考慮萬用字元的最大和最小極限值是多少了，沒有最佳解。

問題 2：之前設計的槽位是否依然是必選槽位？

回答 2：如果使用了萬用字元，就應盡量少用必選詞槽，否則邏輯會混亂。例如「打開燈」和「打開客廳的燈」裡的「燈」和「客廳的燈」都會被辨識為「全部設備」這項參數，但「打開燈」是不知道要打開哪一盞燈的；而「打開客廳的燈」明顯是知道要打開客廳的燈。

問題 3：如果「開啟／關閉設備」這個意圖只有少數槽位並且加入了萬用字元，會不會對其他類似執行意圖造成影響？例如「打開騰訊音樂」、「打開劉德華」（不同人會有各種千奇百怪的說法）。

回答 3：一定會的。所以最通俗、最常用的說法要慎重考慮萬用字元的使用。

第六步：確認表達方式的排序。在前文提到，我們應該把更模糊、槽位更少的表達方式放在靠近後面的位置、例如可增加一個 Where 辭典來確認客廳、房間等資訊，以下是最終的「開啟／關閉設備」意圖設計：

1. 「Please」+「Turn_on」+「Where」+「Which」+「Light」+「Suffix」
2. 「Please」+「Turn_on」+「Where」+「Light」+「Suffix」
3. 「Please」+「Turn_on」+「Where」+「Television」+「Suffix」
4. 「Please」+「Turn_on」+「Television」+「Suffix」
5. 「Please」+「Turn_on」+「全部設備：萬用字元 20 字」+「Suffix」

這樣我們能優先保障電視和燈兩個電器能被語音喚醒，其他沒加入設置的電器則可以透過萬用字元和兜底方案的結合提供相應的回答，例如回覆使用者「請幫我打開冰箱」，這時候我們可以告訴使用者「抱歉，我暫時無法打開冰箱，我會更努力去學習的」，這樣設計的語音系統看起來會聰明一點。

以上的案例只是整個意圖設計中的一小部分，還有很多細節需要根據實際情況進行設計。完成整個全局設計和意圖設計

後，我們應該邀請使用者進行實踐與測試，使用者這時很有可能會用我們沒想到的話語進行語音互動，所以要收集這些資料，盡可能地完善意圖以及對話設計，避免產品上線後出現問題。最後，關於創建使用者故事、撰寫腳本和對話流程設計，可以閱讀 Google 的 Actions on Google Design 和 Amazon 的 Amazon Alexa Voice Design Guide 兩份文件以及相關的語音智慧平臺的官方使用文件，裡面會更詳細地介紹相關細節。

第 4 章　人工智慧時代下互動設計的改變

第 5 章

如何設計一款人工智慧產品

09107112930 129

107112

0910711

5.1　新的設計對象

　　電腦的難以使用和普及需求，催生出互動設計（interaction design）這個術語，互動設計專門解決電腦如何更好地與使用者交流互動的問題。設計師在設計電腦介面的過程中，也總結出一個新術語：以使用者為中心的設計（user-centered design, UCD），即在設計時考慮使用者的體驗和感受。此後，「使用者體驗設計」（user experience design）這個術語逐漸擴散到各行各業，它所帶來的價值讓各個企業明白了提高體驗的重要性──你的產品體驗不好，使用者就有其他競品可供選擇，所以大家開始關注使用者體驗，到後面也衍生出「服務設計」（service design）等專業術語。

　　但現在的使用者體驗設計存在著一個局限性：它的設計對象仍然是產品，它只關心使用者在使用產品期間的體驗，不關心產品對使用者其他方面的影響。這是可以理解的，因為企業間存在著競爭，互通資料、分析資料需要非常高的成本。所以只關注自身產品體驗良好，最大受益者自然是企業，並非使用者。

　　辛向陽教授提出了一個新觀點：EX（experience），它跟UX（user experience）最大區別是：UX 構建的是每一件小事，EX 構建的是使用者經歷，基礎是每件小事之間的聯動。簡單點說，人們生活中每天發生的瑣碎小事不會被記住，例如吃飽睡好；但特殊的經歷會被記住，例如在迪士尼公園的路上突然跑

出來一群鴨子，你會記住那次驚喜。EX 更多關注全局性，就像
迪士尼樂園透過管控全局體驗為遊客帶來驚喜。EX 是個性化服
務的基礎，它會從多個維度包括使用者畫像和行為、場景和環
境、上下文的理解（前面發生了什麼事情，後面安排了什麼事
情）等為使用者創造價值。

日本設計大師深澤直人（Naoto Fukasawa）也提及過類似
的觀點：「每個設計對象都是一個元素，但這個元素需要放在一
個大的環境中思考。輪廓是設計對象和周圍介質之間的界限，是
設計對象和環境的關聯。把產品比作一個拼圖的模組，有兩種角
度去看待它：一種是將其作為一個元素，看到的是單個物體的輪
廓；另外一種是將其看成是整個環境中缺失的那部分的輪廓。如
果單個物體的輪廓跟環境當中缺失的輪廓可以契合的話，我們的
生活才是和諧的。如果這個契合沒有做到，我們生活當中的這種
和諧就會被打破，一切都會分崩離析。環境當中所缺失的這個部
分的輪廓是可以找到的，只是需要我們用心去感受、去理解、去
尋找。只有找到了這個缺失部分的輪廓，才能夠去定義我們需要
設計的東西的輪廓是什麼。因此在設計的時候，我們必須要積極
地去預測，我們所設計的產品會放在什麼樣的環境當中，然後再
將這個產品的輪廓形式設計出來。我們需要做的是設計已經存在
的物體之間的關係，無論是用物聯網、大數據，或者是人工智
慧，這些概念都可以，但最根本的是物體之間的關係，我們一定
要更好地去設計這些不可見的東西。即使是像水壺和茶壺這麼簡

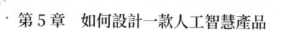

單的東西，也必須要契合環境。」

　　2018 年蘋果全球開發者大會（WWDC）上，蘋果新發布的 iOS 12 增加了一項 Shortcuts 技能，透過 Shortcuts，使用者可以透過 Siri 執行任何應用程式的快速操作。在 Shortcuts 的編輯器中，它有一連串的連鎖行動、一系列的動作類別，你可以隨便拖動它們，然後它會按順序執行。透過設定，Siri 會根據使用者的使用習慣，在適當的時間提供對應的行動建議，例如在早上提醒使用者點咖啡，或是在下午提醒使用者訓練。使用者僅需創建簡單的語音命令，就能開啟複雜的工作流程。這個新技能已經非常接近 EX 的理念，在未來的人工智慧時代下，各種使用者資料的互通使產品之間建立聯繫成為可能，產品設計可以考慮引入 IFTTT（if this then that，即如果一件事發生了，那麼就觸發另外一件事）或者類似 Workflow（也就是 Shortcuts 的前身）的機制，站在使用者的視角為使用者帶來更多的服務和體驗。

　　當設計對象從單一產品轉變到使用者的經歷和當前環境時，設計師不能只考慮自己的產品體驗，應該從大局出發，思考每個產品之間的聯動，考慮不同場景下自己的產品如何服務使用者以及如何與其他的產品聯動。產品設計從單體變成一塊需要考慮兼容上下左右外部環境的拼圖，這對設計師來說是一個全新的挑戰。

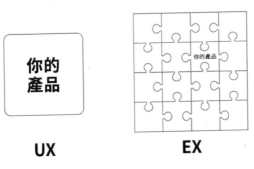

UX　　　　　　EX

UX 和 EX 的區別

5.2　參考與人類交流的方式

　　人工智慧為個性化服務帶來新的可能，要想設計一款更友善、更像人類的產品，需要先來看看人類是怎麼交流的。人與人之間的交流分為雙向交流和單向交流（單向交流指對方可以給予簡單的反饋，甚至不需要提供反饋），雙向交流包括了提問和回答，單向交流包括了指令、陳述和接收資訊。

　　提問和指令不太一樣。提問是因為自己不知道，希望對方能提供相關的完整答案（這裡忽略明知故問和反問兩種帶有目的性的情感交流）；指令更多是指上級對下級的指示，使用者知道對方能做什麼，希望對方能幫助自己完成某項任務，對方完成後的反饋可能非常簡單，一句「OK」、「搞定」、「對不起，我還做不到」已經能表達清楚，所以指令的反饋不需要太多內容。陳述的意思是我將資訊傳達給你就完成了，你可以不

給予我反饋，例如演講、授課、講述內容等。接收資訊則是多通道的，包括了聽覺、視覺、觸覺，甚至是嗅覺和味覺。

　　隨著資訊的增加，當其超過人類的記憶容量時，人類透過交流獲取資訊的效率逐漸降低，他們開始將資訊透過各種方式記錄保存下來，到後面逐漸出現了書籍。隨著技術的發展，人類獲取資訊的方式也在逐漸增加，收音機、電視、電腦、手機逐漸出現在我們的生活中，我們先來看看人與不同媒介交流資訊時有什麼不同，再來推斷人工智慧能做什麼。

人與不同媒介交流資訊的方式

方式／媒介	人	書	收音機	電視	電腦	手機	人工智慧
提問	多種	-	-	-	搜索資訊	搜索資訊	多種
回答	多種	-	-	-	被動提供使用者資料	被動提供使用者資料	被動提供使用者資料
指令	多種		頻道，聲音調節	頻道，聲音調節	多種	多種	多種
陳述	多種	-	-	-	-	-	-
接收資訊	多種	閱讀	聆聽	觀看聆聽	觀看聆聽	觀看聆聽	多種

　　從表格可以推斷出，人工智慧要做到與人正常交流需要在提問、回答、指令、接收資訊四個方面進一步學習研究：提問更多是指人透過語音、文字、肢體動作等對話方式向電腦提出

問題（語音是最快、最直接的表達方式），電腦理解問題後提供正確完整的答案。回答更多是指電腦需要透過如感測器、使用者事件監聽等隱形方法獲取更多的使用者資料，這樣能更好地了解使用者。指令更多是指使用者透過語音、介面和肢體動作發出指令，電腦理解指令後完成一系列的操作。接收資訊更多是指使用者給出問題和指令後，電腦如何提供正確的答案和反饋。

5.3　人工智慧設計八原則

我總結了八點設計師需要注意的原則，供設計人工智慧產品時參考：

- 個性化：產品能夠根據使用者的個人喜好以及周圍環境進行自動調整。
- 環境理解：使用者所處的環境是對使用者的行為進行推斷並提供符合需求服務的必要資訊，所以未來的人工智慧設備應該能夠理解當前使用者活動發生時的環境並給出相應的反饋，環境包括了使用者的位置、身分、狀態等資訊，以及物理世界和數位系統的資訊（環境理解也就是我們常說的上下文理解）。

· 安靜：設計產品時應該盡可能減少設備所需的注意力，設備可以主動和使用者交流但並不需要時常和使用者說話，所以設計時應該考慮使用者注意範圍的邊緣，避免產品經常打擾到使用者。未來的產品大部分時間應該能為了滿足使用者的利益而行動，不需要使用者時常做有意識的操作（安靜地融入環境並自動運行）；當使用者需要和它互動時，它則能夠對使用者的行為做出推斷並及時做出回應（主動與使用者進行互動）。

· 安全「後門」：儘管人工智慧設備越來越「聰明」，能自主完成更多任務，但是一出問題時，自動完成任務的失效可能會導致不同程度上災害的發生，所以我們要考慮給使用者多個可以重啟系統的「後門」，例如設備出現問題時系統仍然可用，使用者可以手動將系統修復；或者留一個安全開關，使用者可以迅速將設備關機重啟。

我認為以上四點是設計任何一款人工智慧產品都需要注意的，如果你的產品需要和人經常互動，那就要考慮機器和人如何交流。在上文已經講到人與人之間如何交流，如果牽扯到輩分、利益等關係，人類之間的交流務必會產生情感上的交流，在交流時最能表達情感的是態度和語氣，人和機器的交流也毫不例外。人工智慧需要學會與人類交流時，根據不同場景和對話內容採用合適的態度和語氣。在交流中，機器更多承擔的是

下級以及朋友的角色,坦白說,其定位就是要你做什麼就做什麼(準確性);要你做就趕緊做(即時性);說你不對就必須改(自我學習與修正);不能頂嘴(有禮貌);儘管「我」對你很苛刻,你也要對「我」像好朋友一樣(人格設定)。結合交流方式和情感表達,設計一款針對使用者的人工智慧產品時需要注意以下四點:

· 準確性和即時性:需要聽懂使用者的問題和指令並立刻提供準確的答案或反饋。準確性和即時性是人工智慧最基礎的能力之一,多次回答錯誤顯得人工智慧很愚蠢,使用者會逐漸對人工智慧失去信心和信任。在技術不成熟的時候,可以引入天然呆、冒失女等智商不高但又很懂故作可愛的角色性格彌補技術上的缺陷,這樣可以透過打情感牌減少使用者憤怒甚至失望的情緒。

· 自我學習與修正:當人工智慧不知道答案和操作時,除了提供抱歉的反饋外,更多需要的是透過自我學習能力來修正自己的資料庫和擴充自己的知識圖譜,避免多次惹惱使用者。還有一點是,當機器出現問題而且不能進行自我修正時,一定要預留安全「後門」。

· 有禮貌:及時回覆、不重複說話、不反駁、不打斷使用者的說話和操作都屬於禮貌問題,就像人類一樣,有禮貌的人工智慧才會受使用者歡迎。在不重複說話上,日本的一款專

為宅男定製的家用智慧化全影像機器人 Gatebox 做得還不錯，當裡面的虛擬形象 Azuma Hikari 聽不懂使用者說的話時，她會透過神態、語言和肢體動作的結合提供數十種聽不懂的反饋，是一個很不錯的案例。

· 人格設定：為了避免在交流中過於死板或者態度語氣頻繁變化，設計師應該針對不同使用者群體為人工智慧賦予不同的角色與性格。例如針對二次元宅男族群，賦予人工智慧傲嬌、元氣等性格；針對成熟女性群體，賦予人工智慧溫柔的管家角色。儘量不要賦予人工智慧老闆、父母、老師等角色，因為下指令這些角色做事時，會讓人感覺到尷尬。如何快速了解使用者的個人喜好和性格？我認為可以參考心理學相關的調查問卷進行了解並根據結果為使用者設計完整的人工智慧人格。在整個設計過程中，要保持人工智慧的人格統一，無論是話術還是動作都要有嚴格的人格規範在背後做支撐，這樣的人工智慧才不是精神分裂的人工智慧。微軟小冰在日本的角色定位是「話非常多的高中女生」，深受日本使用者歡迎。人格規範就跟設計規範一樣，只有規範統一了，產品的體驗才是統一的。

5.4　簡化人工智慧的理解

　　目前的人工智慧更多屬於技術領域，對於大部分設計師來說是陌生的，解釋起來可能比較費力，如果將人工智慧比作人腦並抽象概括，可以分為三大模組 —— 記憶、思考和行動，這樣會好解釋一點。

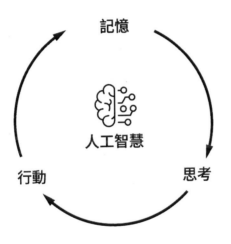

人工智慧的三大模組

　　在我看來，互動設計師設計的行為都是具備目的性的。在心理學中，目的性屬於意識的一部分，而記憶、思考和行動都是影響人意識的重要因素。如果我們要設計一款人工智慧產品，儘管現在的技術還不能做到讓它像人類一樣有意識，但我們可以看一下記憶、思考和行動是如何影響產品設計的。

5.4.1　記憶

　　記憶相當於電腦的資料，屬於人工智慧三大要素之一，也屬於有意識行為的最底層。若想最佳化行為，增強記憶是必不可少的。以現狀來說，合作共贏打通各種資料是增強記憶的途徑之一，透過不同領域的資料對使用者畫像進行補充，因而加深對使用者的理解。

　　另外一個途徑是系統平臺以第三方記錄員的角色獲取使用者的行為和資料，這種方法適用在只有簡單行為的系統平臺上，例如 Alexa 語音系統[01]。如果將 Skill（語音軟體應用術語）比作人類，而我充當 Alexa 的角色，那麼每當使用者和不同的 Skill 對話時，我都會記錄保存他們的對話。在整合所有對話紀錄（擁有所有記憶）後，即使我不知道使用者和 Skill 各自在想什麼，但我能從對話紀錄中判斷出使用者是一個什麼樣的人，他想要什麼。就像我可以從一個陌生人與別人的交流中判斷出他的為人和性格。

　　由於和語音系統的互動只有語音對話這種方式，而且對話內容品質高（簡單直白），這為記錄使用者的行為提供了很大幫助。語音系統只需要在語音合成（喇叭）和語音辨識（麥克風）上增加記錄接口，就可掌握每個 Skill 與使用者對話的內容，透過對話內容轉換成有用資料，就可以擁有該使用者的畫像。

01　目前 Alexa 已擁有介面和語音系統。

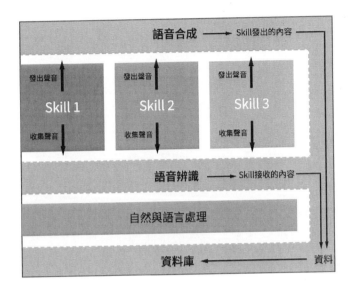

語音系統資料管理概念圖

　　相較語音系統，介面系統就很難做到這一點。由於使用者都是透過點擊觸控的輸入方式與介面系統互動，系統很難知道文字、圖片的內容和關係是什麼，很難斷定使用者在做什麼，所以介面系統應該透過與每個應用共享資料的方式了解使用者更為合適。

　　每個產品可將自己的資料分為共享和隱私兩種模組，共享資料模組可供系統和其他產品使用，這樣有利於產品之間的資料互補，因而促進自身發展。最重要的是，這種做法能為人工智慧系統提供更完整的資料（記憶），有助於刻劃使用者畫像，促進人工智慧發展。

5.4.2　思考

　　思考是連接記憶和行動的橋梁，也是人工智慧最核心的部分：如何將資料轉化為有用的資訊加以利用。人會思考是因為人腦擁有一個「記憶 - 預測」模型，簡單地說就是人可以透過感官將資訊儲存在大腦裡，下次碰到類似場景會預測相關事物並給予反應。舉個例子，乒乓球應該是最快的球類運動，一個來回只有 1 ～ 2 秒，選手需要在很短時間內判斷球是上旋、下旋還是側旋，以及預測出球的速度和軌跡，最後思考採用哪種擊打方式、擊打力度和擊打方向取得勝利。這種球感是透過長期的「記憶 - 預測」訓練得來的。

　　再舉一個例子 —— 直覺。直覺也是一種預測，它是基於記憶、知識和環境所產生的一種速度快到讓你難以置信的思考方式。毫不誇張地說，人類能從躲避兇猛野獸的遠古時代活到現在，直覺功不可沒。

　　由於技術仍未成熟，目前的產品基本上做不到思考這一點。當產品本身不懂思考時，就對自己該做什麼沒有意識，甚至導致使用者與產品無法交流。為了避免這種情況，各個企業需要找專門的人才替代電腦整理資料並設計各種行為，在產品背後出力，使產品看起來「能思考，懂預測」。

　　人工設計的產品預測能力有限，基本使用在一些小細節上。下面是幾個例子：

・使用者在淘寶網購填寫收貨地址後，產品會收錄該地址；下一次使用者網購時，產品預測使用者有很大機率會使用上一次填寫的收貨地址，故預設為使用者選擇上次填寫的收貨地址。

淘寶訂單確認頁

· 騰訊影片預測使用者的下一次回訪，有很大機率是為了繼續觀看上次沒看完的電視劇，因而把部分歷史紀錄如「你正在追的」放在首頁，使用者能直接觀看上次看過的電視劇。

首頁顯示當前播放記錄　　　回到上次觀看的進度

騰訊影片播放紀錄

· 如果使用者在某時間段使用某款產品頻率較高，在同一時間段內 iOS 會在鎖定畫面右下角顯示該應用圖標，方便使用者直接打開該應用。

以上幾個案例都是透過簡單的「記憶－預測」最佳化產品流程，在一定程度上降低了使用者使用成本，提高了使用者體驗。而以下這些案例都是透過「記憶－預測」增加產品收益的：

- 亞馬遜、京東都會透過使用者的瀏覽紀錄和購買紀錄預測使用者需要的商品並提供相關推薦，在一定機率下促使使用者能多購買一件商品。
- 百度、今日頭條都會透過使用者的瀏覽紀錄不斷優化 FEED 流文章，越到後面推薦的文章越精準；對推薦的文章感興趣，使用者使用產品的時長就會逐漸增加，瀏覽到的廣告也會隨之增加。

毫不誇張地說，預測是人工智慧產品設計時最需要考慮的因素，它往往決定了系統和流程的複雜程度。使用者行為預測得越準，產品可以為使用者省下更多操作流程；使用者需求預測得越準，可以為產品帶來更大的收益。如何又準又快地預測出使用者行為和使用者需求並做出回應，是人工智慧時代設計好壞的衡量標準之一。

5.4.3　行動

相比起底層的記憶和思考，設計師關注更多的是人工智慧產品如何與人交流互動，如果人工智慧的能力越來越厲害，那麼會對行動的設計帶來什麼樣的影響？

以下是我整理的結論，前面三點都是環環相扣的：

1. 簡化流程（行動）；
2. 替使用者思考下一步操作是什麼；

3. 根據當前環境、記憶設計流程；
4. 開始考慮小眾需求，設置流程分支；
5. 結合語音使用者介面一起設計流程。

簡化流程，結合當前環境和記憶替使用者思考下一步操作

　　前文也提過，當人工智慧的預測能力增強，部分流程的設計就可以簡化。如果能透過環境和記憶預測出使用者需要什麼，整個操作流程能進一步簡化。後續設計時應該結合人工智慧能力展開設計。以下是我設想的幾個相關案例：

· 當使用者走進一家 UNIQLO，UNIQLO 透過 NFC 技術與使用者的手機交換資訊，攝影機開始留意使用者的行動。如果使用者在一件裙子面前停留很久卻沒購買，使用者離開時 UNIQLO 會將裙子資訊發送到使用者手機。過了一段時間裙子降價時，UNIQLO 還會將裙子的優惠資訊和購買連結推播給使用者。該案例是結合線上、線下行為或資訊進行推薦。

· 使用者收到了週四上午要去紐約開會的郵件，該郵件相關資訊已記錄到使用者日程裡。當使用者打開攜程 App 購買機票時，攜程會訪問日程資訊並為使用者推播關於週四前飛往紐約的特價機票資訊；當使用者購買機票後，攜程會根據會議地址為使用者推播相關飯店資訊。該案例是透過多產品資訊聯動，減少操作流程。

- 使用者在肯德基打開支付寶，支付寶透過 NFC 技術或地理位置資訊將肯德基卡包資訊前置到首頁，方便使用者使用。該案例是結合地理位置進行推薦，減少操作流程。
- 淘寶可以根據使用者購買生活用品（特別是餐巾紙、洗髮水和牙膏等消耗品）的頻率，判斷使用者當前是否需要再次購買該用品，若需要則推播相關廣告。在線下領域，永旺商場很早之前就有類似做法，當判斷會員的生活用品用完時，商場會電話聯繫會員詢問是否需要繼續購買該生活用品。
- 中國部分城市的地鐵開始支持手機刷卡，後續可以根據使用者上下班入站、出站的規律，提前一站告知使用者做好準備。生活中很多市民坐地鐵時都會玩手機看影片，有些會提前幾站開始張望留意現在地鐵到哪一站，有些則在突然知道到站後立刻跑出去，有些甚至太入迷於手機導致坐過站。提前一站告知使用者準備下車，能提高乘坐地鐵的體驗。

開始考慮小眾需求，設置流程分支

　　由於設計師無法滿足全部使用者的需求，為了更好地服務大眾群體，只好選取大眾需求進行設計，並將大部分使用者行為化繁為簡，將產品設計為統一固定的流程。但固定的流程不一定就能很好地滿足使用者的需求。以常見的電影售票應用為例，如果將售票應用比喻成售票員，有可能會發生如下對話：

使用者：5 － 7 點之間有什麼電影可以看？

售票員：你是不是先選個電影院？

使用者：那就選附近的吧。

售票員：附近有兩家。

使用者：那就選最近那一家。那 5 － 7 點有什麼電影可以看？

售票員：你應該先選看哪部電影，再看看它有沒有 5 － 7 點場次的。

使用者：……

其實售票應用完全可以透過篩選後，將全市 5 － 7 點上映的電影告訴使用者，使用者再根據自己的狀況選擇影院。但是現在的售票應用做不到這一點。固定流程在一定程度上滿足了大部分使用者的需求，但購票體驗不一定是最佳的，因為固定流程無法預測使用者優先考慮什麼，是先選時間還是先選地點？還是先考慮電影類型？這也導致前幾年不同購票應用有些優先選擇電影院，有些優先選擇電影，其實這些購票流程都是合理的，只不過有的流程會有更多使用者選擇。

剛剛的例子算不算偽需求？還真不是，這只是小眾需求而已。現在很多做不出的小眾需求被認為是偽需求，這種理解是片面的。因為「千人千面」，每個人都有自己獨特的需求，往往這些小眾的個性化需求，才是人工智慧時代設計師需要解決的。

在未來，固定流程會很難滿足使用者的需求，因為使用者的思維是活躍不固定的。在做產品設計時，應考慮各種大眾、

小眾場景的存在，並將每個流程模組化，方便管理和調用。只
要滿足條件，每個子流程將有可能成為主流程。這其中最考驗
互動設計師能力的一點是，產品的模組之間如何做到無縫切
換，避免出現異常。

結合語音使用者介面一起設計流程

　　在很多方面語音使用者介面（voice user interface, VUI）
的效率都遠高於圖形使用者介面（graphical user interface,
GUI），例如設置鬧鐘、查看天氣等操作命令。VUI 和 GUI 的結
合已經不是新鮮事，例如 Siri、Google Assistant、Cortana、
Bixby，以及最近推出的 Alexa 螢幕版 Echo Show。在 GUI 的
基礎上增加 VUI 有助於簡化整個導航的互動，可以做到無直接
關係頁面的跳轉，例如以命令的形式導航去其他應用的某個頁
面。在 VUI 的基礎上增加 GUI 可以使選擇、確認等操作得以簡
化，尤其是用 Echo Show 進行購物時。

5.5　從 GUI 到 VUI

　　為什麼要將 GUI 轉換為 VUI？原因有以下兩點：①現有
網際網路的絕大部分內容和資料都與 GUI 的資訊架構和代碼有
關，所以我們沒有必要為兩個介面做兩套內容；②這有助於人
工智慧助理的發展。如果我們要將 GUI 內容轉換為 VUI 內容，

OK

必須簡化當前資訊，使資訊壓縮為每分鐘 200 ～ 300 字或者每秒 3 ～ 5 字。

目前的人工智慧還無法實現圖片理解、情境感知等技術，要將大部分 GUI 內容自動壓縮並轉換成自然語言絕非易事，所以需要人為制定一些轉換策略。

在轉換策略上我們可以借鑑成熟的無障礙規範指南——a11y，其部分內容是為視障人士提供幫助的，可以將介面內容轉換為聲音內容，有以下三個準則可供借鑑：

· 可感知性：資訊和使用者介面元件必須以可感知的方式呈現給使用者。
· 適應性：創建可用不同方式呈現的內容（如簡單的布局），而不會遺失資訊或結構。
· 可導航性：提供幫助使用者導航、查找內容並確定其位置的方法。

解釋：

· 在可感知性下面有一條非常重要的準則：為所有非文本內容例如圖片、按鈕等提供替代文本，使其可以轉化為人們需要的其他形式。現在的通用做法是為圖片、按鈕等非文本內容增加描述性內容，例如在 img 標籤上增加 alt 屬性，在 input button 標籤上增加 name 屬性。開啟無障礙設置後，視障人士透過觸摸相關位置，系統會將屬性裡的文字朗

讀出來。

· 以京東的廣告為例,應該在 alt 屬性上加上簡潔的內容「12
月 14 日 360 手機 N6 系列最高減 600 元」,當 VUI 閱讀該
內容時可以將廣告重點朗讀出來。

京東廣告

· 在這裡我有一個新的想法,以下圖為例:粉紅色區域為一個
小模組,圖片、副標題、時間和作者等資訊對於必須簡化資
訊的 VUI 來說都不是必要資訊。那麼,是否可以在 div 標
籤上增加一個「標題」屬性,當 VUI 閱讀到該 div 時可以
直接閱讀該屬性的內容,例如標題內容;如果使用者對作者
感興趣,可以透過對話的形式獲取作者資訊。

36 氪官網

・（2）以淘寶為例，下圖的內容普通人花幾秒鐘就可以看完；如果以 VUI 的形式進行互動，那麼首先 VUI 不知道從哪開始讀起，其次是使用者沒有耐心聽完全部內容。為什麼？因為 GUI 的結構有橫、縱向兩個維度，VUI 結構只有一個維度，使用者在 GUI 上的閱讀順序無法直接遷移到 VUI 上，所以 a11y 希望頁面設計時可以採用簡單的布局，GUI 和 VUI 採用相同的結構，避免遺失資訊或結構。

淘寶官網

在可導航性上，a11y 希望網頁提供一種機制，可以跳過在多個網頁中重複出現的內容模組。在這裡我也有新的想法：可以直接跳過無須朗讀的內容模組，例如淘寶的導航、主題市場、登錄模組，因為使用者使用淘寶 VUI 主要需求為搜尋物品和獲取優惠資訊。同理，是不是可以在 div 標籤上增加一個「跳過」屬性，當 VUI 閱讀到該 div 時可以直接跳過，當使用者有需求時，可以透過對話的形式對該 div 裡的內容進行互動。

最後我還有另外一個想法：是否可以為大段內容如新聞、介紹等增加「文本摘要」屬性，當 VUI 閱讀到該標籤式，自動使用文本摘要功能。

結合以上三點思考，GUI 在轉換為 VUI 時以「概括」、「跳過」的方式可以大大地簡化資訊，使 VUI 擁有一個良好的體驗。以上「標題」、「跳過」和「文本摘要」三個屬性需要 W3C、Google、蘋果等組織統一制定標準。

人工智慧時代 GUI 和 VUI 的發展會越來越快，研究和探索它們是一件非常有趣的事情。我認為在未來幾年裡，個人智慧助理的成熟會使 VUI 和 GUI 的結合越來越緊密，它一定會直接影響到未來幾年行動互動的發展。

第 5 章　如何設計一款人工智慧產品

第6章
未來5年後的設計

　　未來5年裡將有兩項技術顛覆使用者的生活。一項是量子運算，它將為雲端和終端提供更快的運算速度和更強的運算能力；另外一項是5G，它將革新現有的頻寬容量，實現海量資料的即時傳輸。兩項技術都會直接推動 AI 更快地發展和進展，實現數位世界和物理世界的融合。

　　中國正在往已開發國家努力靠近，而已開發國家的第三產業即服務業比較興盛，包括交通運輸業、商業、餐飲業、金融業、教育產業、公共服務等，所以中國在未來5年的服務業將有明顯的提升。AI 也將有助於中國服務業的發展，其技術擴散的速度將會逐漸加快，各個領域都能運用人工智慧、物聯網、虛擬實境和擴增實境等最新的技術。在未來，更多領域以及行業需要用到介面設計、人機互動設計等技能，各行各業的設計師需要掌握以上技能才能更好地服務當前工作項目。下文嘗試以智慧城市設計、新零售設計、家的設計三個方向為例，描繪未來的設計是怎樣的。

6.1　智慧城市設計

在很早以前，城市的規劃和發展都由統治者決定，每座城市的總設計師需要對整個城市有詳細的規劃，例如發生戰爭時如何防範，以及它的人口規模、地理環境、周邊資訊等，可以說城市規劃需要結合各種資料進行設計，如果設計不當將會對未來整個城市發展以及市民生活體驗帶來嚴重的影響。例如，中國的下水道系統設計整體較差，導致很多城市在暴雨天氣下瞬間變成一個個「水上威尼斯」。

城市設計更多需要處理大規模複雜的資訊，在這方面 AI 比人類更有優勢。以城市交通規劃為例，在 2017 年的雲棲大會上，阿里提出的智慧治理城市方案正式發布，城市大腦 1.0 接管了杭州 128 個路口號誌，試點區域通行時間減少 15.3%，高架道路外出時間節省 4.6 分鐘。在主城區，城市大腦每日平均事件報警為 500 次以上，準確率達 92%；在蕭山，120 救護車到達現場時間縮短一半。城市大腦的「天曜」系統能 365 天 24小時透過已有的街頭攝影機無休巡邏，可釋出 200 餘名警力。

在未來，人工智慧將逐步發展到智慧交通管理上，自動駕駛能有效解決人身安全存在風險、資源利用率低和交通堵塞等問題，AI 監控攝影機和無人機將代替交警巡邏實現全自動化管理，交通資料有了更大的提升，使用者也將得到更好的外出服務體驗。除了城市交通，城市能源、供水、建築等基礎設施的

資訊也會在雲端被全部數位化,更多的數位監控平臺將接管城市管理的工作。

在未來,由於會有更多的數位平臺進行城市管理,因此需要有更多的設計師間接參與到智慧城市管理工作中。每一個操作流程的設計都需要非常謹慎,因為一個設計出問題,可能導致管理人員出錯並間接導致數位平臺出錯,使城市出現各種異常,給市民帶來生活上的不便。關於平臺設計不當導致悲劇發生,有一個經典的案例[01]。在 1988 年的波斯灣,正在巡航的美國海軍巡洋艦「文森尼斯號」(USS Vincennes)收到有不明飛機迫近的資訊,但是從雷達螢幕上很難區分這架飛機是在爬升還是俯衝。軍艦上的人錯誤地判斷這架飛機正在向他們俯衝,因此認為是一架逼近的敵機。同時,飛機上的駕駛人員又沒有回應軍艦發出的警告,艦上人員的生命懸於一線,時間十分緊迫,艦長決定向敵機開火,士兵們毫不猶豫地執行了艦長的決定。非常悲哀的是,那架飛機是一架伊朗的民航飛機,該飛機當時並不是俯衝,而是在爬升的階段。正因為雷達螢幕的設計和表意不當,以及形勢混亂致使美國海軍做出了錯誤判斷,最終導致數百人的喪生。因此設計數位監控平臺的重任將落到設計師身上,設計師一定要非常熟悉人體工學和相關的項目。

關於平臺和系統設計,相信大家對《鋼鐵人》裡的 Jarvis

01　該案例來自 C.D. 威崑斯和 J.D. 李所著的《人因工程學導論》(*An Introduction to Human Factors Engineering*)第一章。

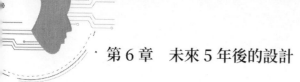

系統並不陌生，它主要透過數位孿生技術即時將鋼鐵人盔甲的
狀態以 AR 的形式展現給史塔克（Tony Stark）。數位孿生技術
是一種將物理世界映射到虛擬世界的仿真技術，它利用物理模
型、感測器更新、運行歷史等資料，匯集多學科、多物理量、
多尺度、多機率的仿真技術，將物理世界的資訊即時同步至虛
擬世界，有助於電腦即時管理、模擬和預測發現物理世界中的
問題。人主動發現問題變成問題主動找人，數位孿生技術簡化
了大規模複雜系統的監控流程；同時，將管理交給電腦可以降
低複雜系統的學習成本，便於更早地發現問題並提前進行處
理。在現實生活中，美國國防部在很早之前就已經在使用數位
孿生技術了，該技術被用於飛行器與太空飛行器的健康維護與
保障上。美國國防部在數位空間建立真實飛機的模型，並透過
感測器實現與飛機真實狀態完全同步，這樣每次飛行後，根據
結構現有情況和過往載重，及時分析評估是否需要維修，能否
承受下次的任務載重等。

《鋼鐵人》電影中數位孿生以 AR 技術展現

　　相信在不久的將來，數位監控平臺、數位孿生還有 AR 等技術將逐步進展到智慧城市的建設上，整個智慧城市管理將變得更直觀和方便，有助於城市管理者提前管理和控制風險，降低城市出現混亂的機率。對設計師來說，未來數位平臺的設計將會變得更有趣和更具挑戰性。

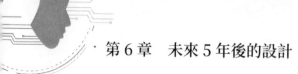

6.2　新零售設計

　　未來的購物商城有兩點可以改進：第一點是如何與其他商家合作共同盈利；第二點是如何透過服務設計和技術改善自己的服務，吸引更多消費者。

6.2.1　打通商城閉環，共同盈利

　　第一點大家可能會覺得奇怪，是指要和競爭對手合作嗎？不是的，而是和其他領域的商家一起合作，實現「有錢大家一起賺」。

　　從團購模式的百「團」大戰開始，我認為整個中國消費行業出現了一個很大的問題，大家都透過團購公司的補貼降低自己的價格，因而透過低價吸引使用者的目光。團購公司之間的惡性競爭和瘋狂補貼導致嚴重燒錢，最終剩下美團點評和阿里巴巴兩個巨頭還在相互競爭。當巨頭不再補貼時，很多依賴補貼的商家很快就支撐不下去最終倒閉；還有一些商家自欺欺人，將原價 999 元的價格抬高到 1,999 元，再說目前是優惠價 999 元，欺騙消費者。

　　如果說之前的補貼是單點的補貼，當團購公司的補貼消失時，這個單點也會消失。那麼能不能考慮把多個單點連接起來，讓每個點服務每個點，使每個單點的存活性加強？這樣一來當團購公司的補貼消失時，每個單點都能扶持其他單點。

以我週末逛商城的場景為例，首先我會提前購買商城電影院的電影票，快到放映開始時搭車去購物商城，取票前先買一杯飲料再進場。看完電影已經到吃飯的時間了，這時候我會考慮在哪吃飯，然後翻了好久大眾點評才能決定。

以下是我的設想：既然要補貼，那就實現整個商業閉環的補貼。例如，可以在消費者買完電影票時推播飲料和餐飲店的優惠券；當消費者購買了餐飲店的團購券，可以推播一些服飾類優惠券；而當一些女性消費者購買完衣服時，再推播一些甜品店優惠券。

商家之間相互推播優惠券促進使用者消費的機制利用了以下兩點：

1. 打折這個概念對很多消費者來說具有較強的吸引力；
2. 將使用者主動查找優惠券（使用頻率低、尋找時間長）轉換為商家主動推播優惠券（每次消費完都有相關的優惠券推播，使用頻率會上升，尋找時間降低）。利用這兩點，不僅能把整個商城的閉環打通，而且能提高使用者在商城的消費。

這個設想也符合第 5 章提到的「以使用者經歷為中心的設計」。後面我們做商業設計時，就要考慮消費者在商城的經歷是什麼，以及如何利用這個經歷最佳化設計。

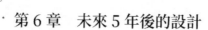

6.2.2　如何透過服務設計和技術改善自己的服務

其實如何改善自己的門市和服務也是非常重要的。消費者的閒逛路徑一般包括以下幾點：進店前、進入門市、與店員或導購設備互動、離店，設法將一名路人轉換成消費者，其實跟「漏斗模型」的使用差不多，我們可以結合資料分析、服務設計和人工智慧等方法為使用者帶來更好的體驗。

· 進店前：當使用者在商城閒逛看到感興趣的品牌或者商品時會在店門口停下來。那麼，如何吸引消費者觀察店裡的商品？可以考慮用各種辦法將消費者引進店內，除了派發傳單或者優惠券，還能在商城內投放商家廣告和 logo，甚至這個 logo 可以是 AR 辨識的載體，能指向該商家所在位置。在門市櫥窗，還可以透過大螢幕電視播放短片和圖片的方式告訴使用者最新推出的產品以及折扣資訊，甚至可以考慮加入電腦視覺技術辨識哪些路過的消費者在門市前出現的次數最多或者停留時間最長，哪些消費者曾經在店裡或者其他連鎖店消費過，因而輔助店員更有目標地指引消費者到店裡消費。

· 進入門市：在 2013 年蘋果就提出了 ibeacon 的概念，店家可以透過 ibeacon 向消費者手機推播一些商品資訊，因而促進消費。但 ibeacon 一直沒流行起來，這是有原因的。消費者在閒逛的時候是不看手機的，如果一直推播會強迫消費者經常拿起手機看資訊，這時消費者究竟是該閒逛還是看

232

手機？所以應該用更合適的方式引導消費者進行消費。例如，只有當消費者走進門市後，電腦才會自動推播相關的優惠資訊給使用者。還有一種比較有趣的做法，我們都聽過沃爾瑪啤酒和尿布的經典行銷案例，如果能透過資料探勘的方式找到每個商品之間的關係，再透過電腦視覺技術掌握消費者拿了什麼商品，這時就可以及時地向使用者推薦相關聯的商品，或許能提升全品類商品的銷售量。

- 與店員或導購設備互動：店員或導購設備都能為消費者提供更好的服務和建議，是整個服務設計閉環中最重要的一部分。當前線下零售最大的資料缺失就是不知道消費者在挑選過程中，接觸過哪些商品，挑選的過程是什麼。在人工智慧的幫助下，當我們用電腦視覺技術發現部分消費者在門市裡長時間逗留卻沒消費的時候，可以提醒相關的店員走過去為這些消費者提供幫助；如果消費者曾經在店裡消費過，電腦還可以根據該名消費者的使用者畫像判斷他喜歡的類型是什麼，然後讓店員為消費者推薦更多商品。如果我們能把整個購物中心的資料進行整合，那麼消費者的使用者畫像將會準確得多。

關於導購設備，可以參考以下例子。在 2018 年 7 月，阿里巴巴與國際知名服飾品牌 Guess 合作，在香港成立了全世界第一家人工智慧服飾店 ——「FashionAI 概念店」。FashionAI 學習了 50 萬套來自淘寶達人的時尚穿搭，歸納

出一整套理解時尚和美的方法論，可以為女性消費者提供合適的穿搭建議。消費者只需要在概念店門口掃碼登錄，即可開始自己的購物之旅。在店裡，當消費者隨意拿起任何一件衣服，貨架邊的試衣鏡就會感應到它並給出若干種搭配組合；同時消費者會發現他們曾經購買過的衣服、鞋子也會顯示在試衣鏡上，FashionAI 會根據消費者在淘寶／天貓的歷史消費紀錄，為消費者提供相關的穿搭建議。當消費者在試衣鏡上選好尺寸、型號並確認試衣後，就可以直接到試衣間等待，售貨員會把相應的衣服拿到試衣間；當消費者透過掃碼的方式確認購買後，可以選擇在店裡提貨或者快遞到家，然後繼續開心地逛下一家商店。

· 離店：當消費者要離開門市的時候，可以邀請消費者將這次消費體驗分享給朋友，或者讓消費者對這次消費體驗進行評分。相應地，我們還可以送出更優惠的折扣券期待消費者下次光臨，或者送出印有品牌印記的小禮品。

在未來的整個消費過程中，商家可以在人工智慧、大數據分析以及服務設計的基礎上，對自身的營運資料進行更精準的店鋪營運分析和消費者分析，因而預測自己商品的銷量變化趨勢，結合店鋪自身情況提前調整備貨。如何在整個服務鏈中增加人工智慧技術和大數據分析技術，也是設計師在設計流程時需要考慮的。

6.3　家的設計

　　不知道大家還記不記得《哈利波特》裡的畫像「胖夫人」？她不僅能說話，還能串門子到其他壁畫裡聊天。在現實世界中，2015 年一款名為 Atmoph Window 的智慧壁畫出現在群眾募資網站 Kickstarter。從外觀上來看，這款產品只是一幅簡單的壁畫，但是它的內容能隨意切換，還能發出配合壁畫內容的真實聲音。例如，當 Atmoph Window 上顯示的是曼哈頓繁華的街道，其就能夠真實呈現車水馬龍的喧囂；如果顯示的是壯觀的尼加拉瀑布，則能夠發出水瀉千尺撞擊地面的聲響⋯⋯你只需要靜靜地坐在 Atmoph Window 前，它就能帶你看遍人世美景。

　　除了畫像「胖夫人」，「衛斯理時鐘」也成了現實。當哈利第一次去榮恩家的時候，在陋居客廳裡看到了牆上掛的「衛斯理時鐘」，時鐘上沒有數字，它的每個指針指向家族的一個成員，榮恩的媽媽衛斯理夫人用它來提醒自己還有什麼事沒完成，同時關注家人在做什麼。2017 年群眾募資網站 Kickstarter 出現了一款名叫 Eta Clock 的時鐘，它可以即時顯示使用者的位置。錶盤上每一個彩色指針都代表了一位使用者所在意的人，而錶盤的數字部分則用於顯示目的地，例如「工作場所」、「健身房」或者「學校」。當然這個時鐘靠的不是魔法，而是手機 GPS 定位追蹤，透過 App 將使用者的地理位置資訊發送到

Eta Clock 上，對應的指針則會自動轉動改變指示位置。這款神奇的「衛斯理時鐘」已在 2018 年交貨。

　　以上兩個例子可以說是我小時候對神奇的魔法世界最有趣、最直觀的印象，但當時它們還不太可能出現在現實生活中。然而在今天，科技的發展已經到了能夠取代甚至超越魔法的境界，我們能把類似的家居裝飾實現，放到溫馨的家裡。

　　牆壁是家中不可或缺的元素，我們每天都生活在有四面牆的房間裡，通常會掛上照片、海報、名畫等方式來裝飾白牆，但很多人裝飾一次後就很少再更換裝飾品，如何讓白牆充滿生命力？

　　我們換一個角度思考，如果能夠透過擴增實境的方式來裝飾牆壁會不會更有趣一點？牆是已知的實體，只需要在上面投放虛擬影像，就能使其隨時發生變化。用投影機來增強效果是馬上能想到的，它還有一個優勢，只要設計稿裡的邊界用的是黑色，那麼它投放出來的效果就是無邊界的，能夠完美和白牆貼合在一起（投影機無法投射出黑光，所以設計稿裡的黑色代表了白牆原本的顏色）。這時就可以充分發揮我們的想像力了：可以把白牆變成一扇窗戶，觀賞外面櫻花飄落的公園；可以在牆上掛一幅達文西的《蒙娜麗莎》，偶爾她還會向你眨眼或者跳起舞來；還可以把自己家小孩的照片組合成一面照片牆，照片的切換能讓你回顧孩子從嬰兒慢慢長大成人的點點滴滴，非常感人。透過簡單的投影設備，就能讓你的白牆、你的空間擁有魔法，讓你的家瞬間充滿溫暖和活力。

設計圖和現實中的投影效果

　　最近有不少智慧投影設備開始針對使用者發售，例如可觸控螢幕的便攜式投影機 Puppy Cube，它能透過空間觸控技術 Anytouch 把房間中的任意平面（如牆面、桌面以及地面等）投影為觸控螢幕，並可實現 10 點觸控。透過這項技術，父母可以和孩子在家裡進行親子教育或者遊戲互動（投影機還有一個好處是反射光不怎麼傷眼，適合小孩使用）。還有一款比較有意思的投影機是外形酷似檯燈的 Beam，你只需要把它插放到檯燈燈座就能直接使用，隨時隨地享受資訊互動帶來的愉悅。例如在廚房做飯的時候，把 Beam 安裝在桌臺的燈座上，它就能在廚房桌臺投影食譜，幫助你做出美味的菜餚。日本 Vinclu 公司開發了一款名叫 Gatebox 的全影像投影機，可以投出一個專為宅男定製的家用智慧化全影像機器人 Azuma Hikari。Gatebox 除了可以控制其他智慧家居電器外，還能透過感測器檢測人體的動作

以及室內的溫度變化，使用者可以透過語音、手機應用的方式與
Azuma 進行交流，還可以透過 Azuma 的肢體語言判斷「她」
的情緒，Azuma 先進的交友能力也使她更加人性化。

Puppy Cube

Beam

　　投影技術能把眾多數位資訊映射到真實世界，與環境相結合，在未來的智慧空間中一定會成為非常重要的作用。試舉一個例子：當我們把攝影機和投影機結合使用，一面牆就像變成了哆啦 A 夢裡的傳送門，把兩個相距十萬八千里的家庭連接在一起，幫助很多常年漂泊在外的年輕人實現了多回家看看的願望。

透過投影機和攝影機看到親人

　　投影機只是把牆當作螢幕，我們再把腦洞打開得大一點，能把牆當作觸控螢幕嗎？迪士尼研究院與卡內基梅隆大學一起合作開發了一款大型內容感知傳感系統 Wall++，能把使用者的牆改裝成觸控螢幕。使用者只需要給牆刷上他們特製的導電塗層，再粉刷上白石灰，最後安裝一個感測器就大功告成了，而且看起來和普通的牆壁毫無差別。Wall++ 除了可以感應辨識人

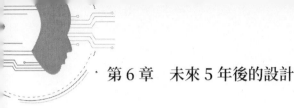

體的活動狀態（不觸摸也能感知），還能透過捕獲空中的電磁噪聲，檢測到處於活動狀態的設備以及它們的位置；更有趣的是，它能透過跟蹤人體移動來即時辨識出你與智慧設備的互動方式，例如你去開燈或者玩電腦，也會被 Wall++ 感知到。有了智慧牆壁能做什麼呢？你可以透過程式設計把牆變成各種開關，透過手勢打開燈光或者解鎖門的密碼。甚至結合投影機你就可以直接和投影在牆上的內容進行互動，當你家的牆變成了 1：1 的淘寶衣櫃，就可以直接看到最真實的商品效果。在未來，當更多設備進入我們生活中，我們的生活也一定會變得更加智慧和有趣。

正如第5章所說的，機器應該站在使用者經歷的角度進行思考，學會和其他設備聯動，獲取使用者資料並優化自己的行為。透過 IFTTT 的設計思路，能讓每個機器發生連鎖反應，使使用者的生活更為方便。以一個簡單的生活場景為例：早上快到鬧鐘叫醒的時候，佩戴在身上的手環會根據使用者的睡眠品質發出信號給其他智慧硬體，房間的燈光開始模擬朝陽的變化逐漸變亮[02]，讓使用者在自然光的照耀下自然甦醒；同時，鬧鐘根據手環發出的資訊提供不同的鈴聲叫醒使用者；投影機檢測到使用者起床後，開始播放使用者關注的內容，例如天氣預報、出門建議、新聞等。

02　松下、飛利浦、Yeelight 的部分智慧燈已具有燈光喚醒功能。

　　日本設計大師原研哉（Kenya Hara）對於未來的家也有比較前衛的看法。面對日本少子化的現象，原研哉認為每個人的生活方式不同，都有自己的生活重心，所以就不需要住在同樣格局的房間裡，人們可以自由地為自己量身定做一個「住宅的形態」。如果你的興趣是烹飪，你可以把最多的預算用在廚房，建一個以食為中心的家；如果你喜歡書，那就把每面牆都做成書架，讓家像圖書館一樣收藏書籍，你可以在家裡靜下心來暢遊知識的海洋；如果你長時間在外，回家基本是為了睡覺，那就把重點放在臥室，挑選優質的床墊和被子，再裝一個像電影院一樣大而高品質的影像音響系統，這樣就可以直接躺在床上看電影。

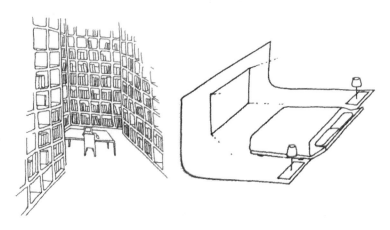

原研哉對未來的家的理解

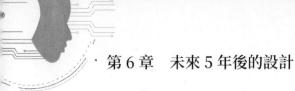

在 2012 年，英國電視臺 Channel 4 拍攝了《未來之家》（*Home of the future*）系列，旨在透過各種高科技讓觀眾知道未來的家庭生活是怎樣的，多年過去了，仍有許多高科技的智慧硬體還沒普及到千萬家庭中。

最後，你可能會問，在家裡使用這麼多智慧硬體不耗電嗎？其實在新能源的發展先驅地德國，隨處可見屋頂太陽能發電設備和田間路旁的風力發電機在源源不斷地輸出著電力。2016 年，以太陽能和風能為代表的新能源發電在德國電力的生產比例已經超過 30%。由於新能源發電量由天氣決定，如果天氣太好反而會導致電量儲存過多，影響整個輸電網路正常運作，所以政府積極鼓勵居民多用電來解決這個問題。相信在未來，中國也會普及新能源發電，到時候電費就不成問題了。

第 7 章

他山之石，可以攻玉 —— 跨界設計師採訪

09107112930 129

107112

0910711

7.1　我們只是終身學習者而已

Shadow：我是池志煒，也是 Shadow，典型斜槓青年。2008 年畢業於上海交通大學設計學院景觀設計專業，同濟大學碩士。現在的身分是跨界設計師，從事過景觀設計、旅遊規劃、房地產設計管理、參數化設計（parametric design）、使用者體驗設計、資料視覺化設計等。同時我也是一名全棧開發者（full stack dveloper），這幾年我自學了深度學習相關的 Keras、後端相關的 Node.js 和 Python，現在在設計圈比較有名的 ARKIE 擔任產品經理／機器學習研究員，同時兼任上海交通大學景觀設計課程的老師以及一些朋友創業團隊的技術顧問。這幾年也在做自媒體，官方帳號叫 Mixlab（微信號 Design-AI-Lab），知乎專欄叫《AI 設計修煉指南》，目前已經形成 500 多人的設計師及程式人員跨界社群。

作者：你是幾時開始自學開發的？為什麼想學開發？在我的理解裡，自學開發對設計師來說不是一件容易的事情。

Shadow：2008 年我一畢業就在自學 Python 和視覺化程式設計，在很多景觀專案中我會透過程式設計的方式來調整 CAD、Sketchup 裡的三維設計。在 2013 年的時候我開始學習前端開發，後來跳槽到中興擔任高級軟體開發工程師，主要透過 Node.js 來進行 Hybrid App 的開發，2016 年順手學習了 React Native。到了 2017 年我換了一份工作，在招商銀行做使

用者體驗設計，從景觀設計到程式設計開發再到使用者體驗設計，跨度仍舊蠻大的。在招商銀行做設計的同時我也在做研發的工作，我想幫招商銀行執行一個阿里的鹿班系統，它能自動生成各種 Banner、海報，所以我又自學了深度學習相關的知識。反正有新東西我就會嘗試去接觸和學習。

　　作者：慚愧慚愧，我一名電腦背景出身的設計師掌握的程式設計技能都沒有你多。你為什麼想做一個鹿班系統出來？

　　Shadow：我希望能透過智慧的方式去實現設計。我在 2008 年做景觀設計的時候已經在做參數化設計了。在 2017 年，我花了很多時間和精力來研究智慧化設計這個方向。在 2018 年離開招商銀行的時候，我開發的系統已經有一個可用的版本，可以直接看到具體的效果，而且生成一張 Banner 是沒有問題的。

　　作者：2017 年上半年我當時看過 ARKIE 的產品，我覺得改善空間仍舊蠻大的，你覺得你在招商銀行做的自動化生成設計系統比他們做得好嗎？

　　Shadow：好不好更多是主觀意識，主要看你用了哪一種方法。ARKIE 希望做到一句話生成一張海報，他們當時用的方法需要很有經驗的設計師來提供不同的模板和規則，例如配色、排版、字體等。當時我把 2017 年 ARKIE 的主要做法給研究出來了，詳情可以閱讀我官方帳號裡〈DIY 一個 AI 設計師 _ v0.0.1〉這篇文章。我當時的做法也是差不多的原理，透過把模板動態化和參數化，就可以做到靠一個模板生成 100 種設計。

只要提供的模板品質夠高，每張 Banner 的效果都是能保證的。但鹿班的做法不一樣，它是基於阿里所有的 Banner 資料來進行機器學習，抽象出相應的規則。

　　作者：聽說你在業餘時間獨立開發了很多 App，能大概分享一下嗎？

　　Shadow：沒問題。幾年前我做了一個基於 LBS 的明信片應用，名叫 Spyfari，這是我第一次用 React Native 來開發的，整個開發花了大概三個月左右。只要你拍了一張照片，它可以根據你的地理位置自動生成一句話，合成一張明信片。這句話是怎麼自動生成呢？透過 GPS 定位我就能確定使用者的地理位置在哪，然後將預置的語料顯示出來，包括各種詩詞歌賦，它們都是透過爬蟲的方式（自動抓取）找來的。我還嘗試做過一個在本地運行的抓圖應用，把整個網站的圖片都合成一張長圖，最後自動加些字成為一張海報。對了，我還做過聊天機器人 ACE Land，它是一個根據使用者時間推薦內容的 AI 助手 App。這款 App 主要調用了圖靈機器人的接口，但最後發現這不是我想做的主要方向。在其他業餘時間裡我也做過一些小程式的開發。我很喜歡做一些圖文的結合，還有我比較注重透過自動化的方式減少使用者的輸入，使用者只需要輸入一張圖片或者打幾個字就行了，這樣使用者的操作成本能降到最低。

Spyfari 相關截圖

　　作者：其實一個人開發一個應用花了三個月不是很久，我之前開發一個應用也差不多這個節奏。做了這麼久設計，你覺得設計是什麼？

　　Shadow：先插個題外話，我覺得設計有兩種狀態，一種狀態的甲方是自己，這時候你會很享受設計和思考的過程，你可以從不同的角度去看待問題，不用考慮太多商業化問題，這樣的設計比較純粹。另外一種狀態的甲方是其他人，這時候我就要思考甲方是怎麼想的，設計起來比較受限。回到正題，設計是什麼？我覺得是應用一些你掌握的設計「原材料」去巧妙地解決問題。這個設計「原材料」包括你掌握的技能、景觀設計採用的材料、使用者體驗設計用的心理學、互動的流程甚至是

開發的代碼。就像在菜市場買不同的食物，透過各種烹飪方式做出一道道菜來。這十年我做了各種不同的設計，我覺得原材料可以不一樣，但方法和本質是一樣的，設計思維是一致的。

作者：我非常認同你的觀點，我覺得設計師應該擁有一技多能，「一技」是指設計思維，「多能」跟你說的原材料差不多，廣泛的技能和知識，這樣你做設計時思考才會更全面，並且透過設計思維從不同方面把這個問題解決掉。下一個問題，你在 AI 和設計領域深耕了這麼久，你覺得現在的 AI 是什麼？

Shadow：這個問題其實很寬泛。怎麼說呢，現在的 AI 要看你智慧到哪個程度。它可以很弱智但也屬於 AI 的一種。所謂的「很弱智」是指透過很簡單的規則和方式去解決問題，但其中的一些資料處理我可能用了深度學習，這樣也屬於 AI，但聽起來沒那麼高水準。現在行業裡很多人喜歡說自己解決問題時用了對抗生成網路或者深度學習，無論你用了什麼方法，你解決的問題都是同一個問題，只是最後評估效果時看哪個方法更好一點。所以我覺得 AI 只是一種技術方法，它跟設計是平行的。

作者：嗯，有道理。我之前覺得 AI 就是一種設計方法。設計是用來解決問題的，深度學習也是解決問題的其中一種方法、一種技術。下一個話題，要不我們深入聊一下 AI 和設計結合的案例？

Shadow：好的。有沒有聽說過一個叫小庫科技的公司？它透過 AI 來做建築設計，但它背後的原理、實現的方式就跟 ARKIE 用 AI 生成海報的原理很不一樣。建築方向的 AI 更多是把精力放在知識圖譜的構建還有 CNN 的分類上。

作者：為什麼建築設計要做知識圖譜？

Shadow：因為建築裡有很多規範。例如一個小區，它的層高應該是多少，容積率是多少，每一個套房的戶型和面積是多少，每一戶擁有幾個房間，每一個房間的面積是多少，這些資料背後都有很強的規範和要求。

作者：所以 ARKIE 是沒有做這些規範和知識圖譜的，因為設計涵括了主觀因素，比較抽象，很難用規範來構建美學的知識圖譜。

Shadow：對，我之前在招商銀行的時候就想過做一個美學的知識圖譜出來，但很難做知識的分類。例如「對稱」這個詞，它到底是算在布局還是視覺的平衡裡？我很難定義每個知識的節點和它們的關係。但建築領域不是純設計方向的，它在很多方面都有自己的規範和要求，它們都是強制性的，所以是有可能做成知識圖譜的。

作者：之前看過一篇關於透過機器學習改造汽車底盤的案例，這家名叫 Hack rod 先用 3D 技術列印了一個汽車底盤，然後在賽車時透過各種感測器獲取不同的真實資料，讓機器在虛

擬環境中不斷學習、不斷自動地改變底盤的結構。我想了解一下，建築設計能用類似的方法以及結合知識圖譜來實現設計嗎？

　　Shadow：建築設計用這種方法不太現實，因為這麼做必須要先把建築建起來，成本非常高。你說的方法更多是資料驅動的形式，現在景觀設計和建築設計有類似的思維，例如參數化設計。但這時候已經設計好模型，並不會去改進。如果要執行改進，就需要一個仿真器來執行，這是困難點之一。依照我的認知，結構設計是有仿真器的，因為力學的仿真系統已經非常成熟，例如橋梁的設計，可以透過不斷地仿真、不斷地調節參數使橋梁設計達到最好的狀態。但是建築設計考慮的因素很多，例如它能容納多少人，每個時間段的人流分布是怎樣的，還有各種主觀因素，包括設計感、商業化、甲方的個人喜好等，建築設計不是一個純理性的設計，所以很難把這些因素結合在一起進行模擬。

　　我再舉一個關於珠寶設計的例子。現在使用者資料的獲取越來越簡單，加上 3D 列印、奈米微雕等技術的成熟，結合 AI 的個性化定製珠寶有了更多的可能性。傳統的珠寶設計流程比較長，設計師需要讓客戶或親自根據創意靈感手繪出設計草圖，並以這個為藍本不斷修改，然後根據珠寶設計圖製作珠寶模板，再用手工雕蠟起版或者用電腦 CAD 起版，再經過倒模、執模、鑲嵌、拋光和表面處理，最後進行品質檢驗和出具證書。

AI 珠寶設計師在提供最終的珠寶設計圖前可以做很多事情，例如讓機器獲取使用者的個人資料，包括聲音、身高、體重、心率還有個人喜好，以及使用者選擇的材質、符號、重量等珠寶參數，然後將這些資料視覺化，結合相關的算法生成不一樣的設計，最後讓使用者尋找最喜歡的 3D 珠寶模型。AI 珠寶設計師甚至能讓使用者自行對珠寶進行造型，使用者只需要畫出大概的形狀，就能利用 RNN 把最匹配使用者的 3D 珠寶模型顯示出來。如果對 AI 珠寶設計感興趣，可以閱讀我官方帳號裡的〈DIY 一個人工智慧珠寶設計師 v1.0 〉。

作者：明白了。我們換一個話題吧。有些時候我真心覺得不懂技術做起設計會很局限，就跟盲人摸象差不多。你很難看清楚你的產品本質是什麼，框架是什麼。你覺得程式設計開發能力對你的設計來說有什麼幫助？

Shadow：簡單地說就是懂開發能讓你的設計的技術含量更高。我舉一個聊天機器人的例子，如果你不懂得開發，你是不會知道聊天機器人的效果如何評估，你也不知道用什麼方法來提高這個效果。如果你是一名普通的設計師，你可能會認為全部的聊天機器人都可以像網上宣傳的那麼高水準、那麼好用，然後你也可以把你家的產品設計得一樣智慧，但其實一點意義都沒有，因為做不到。但普通的設計師會覺得，這肯定能做到，因為這樣的閒聊人類是能理解的，而且別人家競品也是這

251

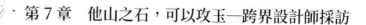

樣做的。當你的產品理念脫離了實際可實現的方案，那麼會永遠達不到你的產品目的。再舉一個濾鏡的例子。如果是設計師的話，他可能覺得用 Photoshop 對一張圖片加個很酷炫的濾鏡很簡單，然後交給程式人員讓他們實現出來。

作者：濾鏡這個案例講得太對了。我之前在公司做過相機相關的產品，基本上大家的濾鏡都是用開源始碼執行的，自己重新寫一個不太實際，因為很少工程師懂得圖像處理技術。雖然說濾鏡的表現跟設計師非常相關，但其實跟設計師也沒有太多關係，因為你考慮的東西工程師很可能做不出來。

Shadow：我們沿著濾鏡這個話題繼續往下聊，我最近在看濾鏡的執行，比較好的濾鏡效果都是透過 GPU 著色器去寫的。如果是常規的圖片處理，用像素的處理方式來做濾鏡效率會太低，而且款式少。但是用 GPU 著色器去寫濾鏡的話，這對很多工程師來說真的很難，並不是所有的工程師都懂得著色器開發。而且著色器功能很強大，它能做到怎樣的酷炫程度連設計師都不知道。

作者：是的。我之前寫過前端相關的代碼，我相信很多工程師能寫頁面的代碼，但很棒的動態效果代碼並不是所有前端工程師都能寫得出來，因為他們沒有去學這種知識。而且一個特別棒的動態效果更多是設計和開發的結合，這是跨領域的。還有很多工程師是沒有學過 SVG 的，SVG 我也只是看過一些，

它雖然只是一個文件格式，其實能做到很多東西，包括各種複雜的動畫。我 2 年前寫自己官網的時候也用了 SVG 動畫來做，真的很複雜，我只能看著別人的原始碼慢慢去改成我想要的效果，但要讓我自己從 0 到 1 開始學習和開發 SVG，就很不實際，因為真的沒時間。

Shadow：對的，這個涉及你要專注某個領域還是所有領域都要去了解。

作者：2017 年鹿班的出現導致網上很多設計師都在擔心自己會被淘汰，你怎麼看待 AI 和設計師的關係？

Shadow：我覺得 AI 和設計師的關係主要有幾種。一種是純勞動力的設計師，他們就只懂得複製、黏貼和改圖，這種設計師是很有可能被取代掉的。還有一種是深耕自己專業領域的設計師，這樣的設計師 AI 可能跟他關係不是很大。

作者：這個我不太同意你的看法。就好像臨摹一幅畫，有些人花了很長時間來臨摹，我覺得這個更多像深耕而不是純勞動力，但 AI 可能用風格遷移的方法一下子就能把臨摹處理得很好。

Shadow：嗯，但這個更多是藝術，藝術不是一件工業品，工業品才會講求效率，你要的藝術是想讓機器生產還是人去創作，這是值得深思的。我最近還有其他的想法，例如在某個領域深耕的設計師如果能很快地在這個領域樹立自己的品牌，他就占據了先天優勢，就算 AI 再強，都很難跟他競爭。

作者：說得對。我覺得對設計師來說，技法可能到達了頂點，但你的想法和影響力才是最重要的。這裡我是很有感觸的，我 2012 年開始自學互動設計的時候，把 2014 年前市面上的互動書籍都看完了，但 2015 年後我發現很難再找到新的互動書籍，因為當時對於互動設計大家都探索得差不多了，所以寫書的都變少了。當每個人的互動設計技法水準都差不多的時候，更重要的是思考如何提高自己的其他能力，例如對業務的理解、如何擴充自己其他領域的想法和技法。

Shadow：是的，所以說 AI 跟設計師的關係蠻難定義的，最終要看這個設計師是怎麼定位的，他是跨界的還是只懂一點點。AI 對跨界設計師來說只是一個工具。但這種跨界人才已經很難用設計師這個職業來定義了，我覺得他比設計師要更高一個層面。

作者：是的，我們聊一聊最後一個問題吧。你覺得設計師要怎麼拓寬自己的視野？

Shadow：最重要的是心態，心態一定要開放。不管是哪個領域或者內容，你都要以開放的心態接觸它們，接觸完你再給反饋。你不能一上來就特別反感別人提出的觀點或者其他領域累積的經驗。你不要覺得自己的就是一定對的。你要這麼想，對方講的可能是對的，我要先聽進去，然後再綜合考慮。平等地考慮每一個觀點，我覺得這樣就能很容易拓展自己的視野和能力，但其實很難做到。還有就是多跟其他行業的人一起交

流，並且跟有不同經驗的人群交流，例如很年輕的大學生或者五六十歲的長輩，聊天的時候就是在拓展自己的視野。我創建的 Mixlab 社區也是為了這個目的，讓不同行業的人相互學習，共同進步。

7.2　如何設計 AI 音箱和 VR 產品

南迪爾：我叫南迪爾，大學畢業後在工業設計領域比較出名的設計公司 LKK 工作，然後 2012 年加入百度，主要負責百度雲的互動設計，之後成為智慧硬體團隊的設計經理，負責的專案包括小度 Wi-Fi、百度路由器、智慧手錶 Rom 等一系列智慧硬體。2016 年 6 月我加入小米探索實驗室擔任設計總監，負責小米路由器、小米 VR 還有最近比較熱門的小米 AI 音箱「小愛同學」。

作者：你覺得 2014 年做的百度路由器和現在做的小米路由器有什麼不同嗎？

南迪爾：其實很多地方還是比較相似的，例如大家都在追求更簡單的使用者配置流程，使用者對於網際網路的主要需求依然是一個穩定的網路，這個需求沒有發生變化。

作者：在我的理解裡，使用者的全部網路流量都要透過路由器，而且它是 24 小時開機的，我覺得是不是只要加個語音功能它就能成為中控系統，後面就沒有智慧音箱的事了？

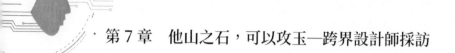

南迪爾：路由器和智慧音箱都是中樞系統。兩者的區別在於路由器是一個網路中樞，所有的東西都要透過路由器來連接到網際網路。智慧音箱是一個控制中樞，使用者透過它來控制其他設備。你剛剛說的可以認為是理想狀態或者實驗室狀態。但實際情況是，如果增加了語音功能，那麼會有多少使用者願意花錢買這個路由器？現在一個路由器的價格大概是 500 元，如果增加一個語音功能，整個產品的價格要接近 1,000 元。如果這個路由器可以透過語音控制家庭裡的 IoT 產品，問題來了，有多少家庭家裡是有 IoT 設備的？如果增加了這個語音功能，這多加的 500 元已經把沒有 IoT 產品的所有使用者排除在外，而且購買這款產品的人群 IoT 需求到底有多少？使用者有可能前兩天用起來很爽，但是到後面就只是用語音來開個燈。這些小需求能不能對得起使用者多花的 500 元？

作者：有道理。我想了解一下，這幾年你都在做智慧硬體的專案，你覺得在 2014 年和 2018 年做智慧硬體設計時有什麼變化嗎？

南迪爾：我在百度的時候，嚴格來說，當時的百度硬體累積相對較少，基本上將硬體外包給其他廠商，所以當時我對硬體的掌控力度相對較弱，而且了解得比較少，所以基本上都是在做軟體層面的設計。但到了小米之後，我發現小米的硬體和軟體是屬於同一個部門，而且小米在硬體上的累積很深。在小

米的幾年裡，我對智慧硬體有更深入的理解，包括硬體的組成部分、硬體的定義、軟體和硬體的連接、它們之間是怎樣互動的，同時我能對整個使用者體驗流程看得更加完整。我們做設計的時候甚至可以影響硬體的設計。以智慧音箱的配置過程為例，當智慧音箱的軟體和硬體都擺在你面前的時候，你用手機配置音箱的過程中，音箱會不斷給予你反饋，這會導致你的注意力在手機和音箱之間來回切換，我們覺得這不是一個好的設計。所以我們有意地把使用者注意力先集中在手機上，音箱作為輔助，它只要發出確認的聲音就行了。當使用者用手機配置成功後，再把使用者的注意力轉移到音箱上進行互動和操作。如果不這麼做的話，使用者注意力的來回切換會導致整個配置流程很長，也會分散使用者的精力。

作者：那你們當時是怎樣考慮智慧音箱上的反饋設計的？

南迪爾：設計「小愛同學」的時候，燈光反饋更多是輔助功能。燈光亮的時候其實是在給你一個信號，意思是「你可以說話了」。燈光是特定的語言，它模擬了兩個人對話過程中對方的眼神：對方的注意力是不是在你身上，是的話你就可以說話了。當然這時候的反饋不只是燈光，還有聲音。聲音反饋是非常必要的，原因是當你背對著它的時候或者不看它的時候，透過聲音反饋就知道可以操作了。我們第一版的聲音反饋設計用的是「嘟」，就像「小愛同學」衝到你的身邊；第二版我們將

「嘟」改成「在，我在」，這能讓人感覺到更溫暖。還有我們的燈光定義了好幾種模式。例如說「小愛同學」，這時候發出的是燈光表示它在回應你以及在聆聽；當你說完指令，燈光發生的變化代表它在思考；而當它給予反饋時燈光會有另外一個變化。這套燈光設計其實仿照了一個人的「我在聽你說」、「我在思考」、「我在說」這三種狀態。

作者：你怎麼看待最近 Echo show 增加了螢幕？語音互動是否需要螢幕？

南迪爾：這是肯定的，語音互動和螢幕結合是一件好事。我之前在知乎回答過一個問題[03]，說明了語音只適合有明確意圖的輸入，也就是說可以方便地問問題，但語音不適合輸出，語音輸出的內容太有限了，因為它是一維的，使用者根本記不住。我當時舉過一個很讓人崩潰的例子：「中文請按 1，English press 2，金葵花客戶請按 3」，當聽過一遍後，我可能會忘了要按哪個，還得重聽一遍。音訊選項你是記不住太多的，頂多就能記住 4 個；但是視覺介面不一樣，12 個選項都沒有問題。

作者：的確，我當時買了「小度在家」和「小愛同學」，但我發現有螢幕的「小度在家」能做的事情更多。

南迪爾：現在「小愛同學」更多是用來播放歌曲、問天氣、問生活中的一些百科知識，還有對 IoT 設備的控制，我覺得這是大部分人的場景和需求。

03　請在知乎上搜尋問題「語音互動會變成未來的主流互動方式嗎？」

作者：如果智慧音箱解決的主要需求是播放音樂，沒有其他需求會不會導致沒有人去研發其他功能，那語音互動怎麼發展？我覺得語音互動的發展會受到很大的局限。

南迪爾：語音互動很早就在手機上有了，沒有發展起來是因為在公共場合的噪音比較大，人們在公眾場合使用語音互動效率不一定高；還有一些人覺得對著一個手機說話會有點傻；還有就是隱私的問題，所以語音互動的場景是有限的。之所以智慧音箱能發展起來，是因為它在家裡，家裡比較安靜，它是私密的空間。如果「隱私」和「不適感」這兩件事情是人們心理接受程度問題的話，隨著時間發展，人們會慢慢接受。因為語音和搜尋相關性比較高，輸入效率非常高。當一個高效率的事情能克服不舒適感或者隱私問題，它會有市場的。

作者：那你覺得行動網路的設計和語音互動設計有什麼區別？

南迪爾：行動網路設計和語音互動在一些基本的、隱性的設計上是沒有區別的，例如說你都要考慮場景和使用者的情緒。但語音互動的設計有點不一樣，就是它沒有視覺部分，這會導致它是一個開放性的提問。視覺介面的好處是你能看到邊界，你能進行引導；但語音是沒有邊界和引導的，所以你要學會創造引導。以設置一個鬧鐘為例，視覺介面很簡單，幾個時間控件就能把你完全限制在這個功能裡。但用語音設置鬧鐘，我可能需要說「小愛同學我要設置一個鬧鐘」，然後它會問你「那

259

你要設置幾點呢？」「八點」，「請問是早上八點還是晚上八點」，「晚上八點」，「好的，設置完畢」，語音互動會透過多輪對話把你的發散範圍逐步縮小到這個任務上。

作者：的確，我之前也想過這個問題，視覺介面能限制使用者的想法，語音互動就不能，我們只能在語音上創造限制。我們再聊一下 VR 吧。2016 年被稱為 VR 的元年，突然間 2017 年又變成人工智慧的元年，你怎麼看待 2018 年 VR 的發展，它是不是不慍不火？

南迪爾：我覺得 VR 的發展是正常的。新起的行業第一波總會吹成泡沫，因為投資市場不是冷靜的。第一波泡沫過去後留下的人會繼續推動這個行業的發展。目前行業的發展還是在硬體的成熟和累積階段，包括現在的 Oculus Go、Vive，雖然它們已經很不錯了，但還不是最終形態。當它們逐漸接近最終形態的時候，會有越來越多的軟體加入，會有越來越多的人認識到它們的價值然後依賴於它們，最後它們才能形成最終的形態。

作者：那你覺得VR跟行動網路的產品有什麼本質的區別嗎？

南迪爾：行動網路的產品可以分為兩類，一類是節省時間的，例如外賣、百度；另外一類是「浪費」時間的，例如抖音、愛奇藝、今日頭條。VR 目前來看更多是應用在「浪費」時間的，基本不包括節省時間這個類別。VR 本身的硬體形態就決定了它沒有手機更省時間，因為你要戴上笨重的頭盔，在裡面看不到你的手指，也沒有合適的鍵盤，你的輸入效率並不高。而

且現在的頭盔攜帶性不好，不能隨身到處帶著。如果 VR 想像行動網路這樣爆發的話，它的硬體形態一定要比取出手機更省事，而且價格也要很低。

作者：我在 2015 年寫過一篇文章來分析 VR 和 AR 哪一個會先熱門起來並進入大眾的視野，最後我選擇了 AR。我覺得 VR 體驗不只是依賴視覺和聽覺，你的觸覺、嗅覺都是息息相關的。但是 AR 不會有這麼多的限制，它不會有這麼多的技術瓶頸在這裡，只要你搞定了圖像辨識基本就夠了，你覺得呢？

南迪爾：我覺得手機普及速度很快的原因是它節省時間的功能很多，它能幫你聯繫到人、訂外賣、查資料、買東西。同理，AR 能做很多節省時間的事情，所以我相信它的普及速度會比較快。VR 更多走的是 PlayStation 和 Xbox 的道路，就是娛樂和消費。如果 VR 想要走進大眾的視野，在效率層面一定要超過手機，現在某些領域 VR 的效率優勢非常明顯，例如看房，有了 VR 你就不用到現場看房了，還有像室內設計這些 ToB 的領域 VR 都有可能超越手機或 PC 的體驗和效率。

作者：那你覺得做 VR 設計和做行動網路設計有什麼不一樣的地方嗎？

南迪爾：設計的對象變了、設計的場景變了、設計的工具變了、設計的平臺變了，但設計本質沒什麼變化。在形式設計上，要考慮更多的是 VR 中平面和空間變得無限大，有前後和層次關係。

作者：我覺得還有一個因素：時間的變化。空間和時間是結合在一起的，平面就不一樣，你可以盯著它去看很久，但你看 VR 電影的時候，你看左側時右側就看不到了，資訊不能被使用者接收，我覺得這個也是 VR 和平面設計的很大區別。

南迪爾：對，你說的有道理。還有就是，有些資訊有自己的展現形態，它們的傳遞是不需要三維空間的，例如圖片、文字，它們不一定要轉換成 3D。當你要看一本小說，你把文字加厚變成立體的文字，其實沒有任何意義，因為文字的二維形態就是最佳解了。VR 增強的是你的體驗，在資訊傳遞的角度來看它沒有太大的變化。但是有些東西本來就是三維產品，它們是帶有三維資訊的，例如你從一張照片裡看到的房間和走進這個空間裡看到的房間，感受是完全不一樣的，三維資訊在 VR 裡展現才能突出 VR 的優勢。如果你用一個高維度的工具來看低維度的內容，低維度的內容還是低維度的內容。所以你問 VR 的介面設計有什麼不同，當你的二維內容從平面移植到三維空間時，其實沒有什麼不同，只是展示面積變得更大了，設計時我雖然能用更多的層次關係，但本質上文字還是文字，游標還是游標。

作者：最後一個問題，你認為年輕的設計師怎麼拓展自己的視野？還有怎麼提高自己的思考深度？

南迪爾：我覺得拓展視野分兩個維度。第一個維度是知識的累積，你可以上知乎或者國內外的網站學習相關的知識以及閱

讀相關的報導，但我覺得更重要的另一個維度是你要親眼看到一些人做過的事情，才會有感覺。例如你可以多參加一些展會和演講，親眼學習這些設計師是用了什麼思路，最後做出什麼樣的產品。對於思考深度，要多問自己幾個為什麼，時間長了就會形成習慣，你就會往最本質的原因去想。如果你想形成這樣的思維習慣，一開始需要一定的刻意練習。刻意練習就是遇到一個問題，思考它背後的原因，然後把原因記下來，再去想這個原因背後的原因，如此重複下去，想到不能再想了。透過刻意練習的訓練，你的思考方式會逐漸變化並形成慣性。還有就是別光想，一定要用文字寫下來，大腦是一個很強的 CPU，但是它的內存不足，所以你要把文字和思考寫到紙上，然後只讓大腦去做思考的事情。

7.3 設計師如何在智慧化時代持續學習和成長？

00：我叫 00，算是一名網際網路老兵了。跟其他設計師不太一樣的是，我一開始在網易郵箱擔任產品經理。在使用者體驗發展的初期我發現這是一個很有價值的領域，然後轉向了使用者體驗設計，從產品經理變成了使用者研究員，再往後一直在做產品和互動設計相關的工作。前幾年在微信支付團隊工作，行動支付正在開始普及，我們為服務行業做了很多打通線

上和線下全流程的通用解決方案設計，例如給餐飲行業設計相關的服務流程，幫助他們在支付環節提升營運的效率和服務的品質。在 2016 年由於我對心理學比較感興趣，所以加入了一個心理學相關的創業計畫，那時還參加了一門叫 Fab Academy 的課程，最近剛學完 Udacity 的深度學習課程。

作者：能不能簡單介紹一下 Fab Academy？當時為什麼想學 Fab Academy 這門課程？

00：Fab Academy 是 MIT 裡的原子與比特中心（Center for Bits and Atoms, CBA）開設的一門課程，它的目的是讓全球範圍內對製造和創客感興趣的人學會數位化製造的流程；讓每個人都有能力親手製作複雜的東西，並學會用各種工具升級傳統的生產流程。由於我一直在做互動設計，所以我希望能夠實現一些自己的想法，而不只是把它的流程給想像出來。在好幾年前關注智慧硬體領域時，留意到 MIT 有一門課程叫 How to make almost anything，但可惜在網上找不到相關的課程。2016 年我發現深圳 SZoil 實驗室成了 Fab lab 的分支，所以我立刻報名參加了。

作者：你當時學這門課程感覺到吃力嗎？

00：這門課程強度真的很大，要在一個學期內學完跟製造相關的知識，包括設計、建模、程式設計、電路、製作模具還有最後的組裝。當時對製造的完整流程不了解，而且每個星期

學的課程可能是大學裡半個學期甚至是一個學期的內容，每次上完課都會發現有幾十個術語不知道是什麼意思。加上當時還在創業階段，所以上 Fab Academy 課程的時候，還是非常吃力的。

作者：你覺得 Fab Academy 在哪個方面對你來說是有意義的？

OO：有好幾點。一是我對整個數位製造的流程有了深入的了解。現在看到一些比較有趣的實物，我大概能猜測出它們的製作方法。二是我發現製造並不是一件很難的事，當掌握了比較完整的製造知識和體系後，每個人都可以動手實現自己的想法。三是我有機會探索並接受了很多新鮮的事物，例如製作模具、數位電路還有嵌入式開發。在整個學習過程中，我發現一些感興趣的領域和技術跟之前的工作和計畫相關。例如之前在微信支付團隊做餐飲場景的時候，有考慮過用互動裝置讓周圍的使用者領優惠券，但是當時不知道怎麼做。在學完這門課程後發現，如果當時知道一些感測器怎麼用，做個簡單演示並不難。

作者：Fab Academy 畢業的時候你做了什麼專案？

OO：我當時做了一個跟聲音相關的小機器人，它的眼睛有一個測量距離的功能，當你用手掌擋在機器人的眼睛前面，感測器就會把距離轉換成音高，你可以透過移動手掌來「彈奏」一首簡單的樂曲。

作者：聽起來很有趣，Fab Academy 對你來說最大的幫助是什麼？

00：最大的幫助是讓我掌握了如何在陌生領域快速學習並獲取核心知識的方法。當你有明確的目標，學習就更有針對性。第二點是如何更有效地找到資料解決手頭上的問題，在排除故障的過程中得到了很多鍛鍊。第三點是可以進入創客的圈子認識更多有趣的人，他們都是有動手能力解決問題的人，大家相互幫忙一起做東西的氛圍特別好。我之前比較困擾的是，為什麼做設計卻沒有多少實現的能力？學完這門課，自己的動手能力有了提升。我還是相信一點，很多東西要把它實現出來，你的設計才是完整的，這樣才能檢驗想法和設計理念是不是對的。如果對 Fab Academy 感興趣的話，可以在我的官方帳號 HackYourself 閱讀更多資料。

作者：換一個話題，你幾時開始對 AI 感興趣的？

00：我對 AI 感興趣也很久了。在 6、7 年前我曾經做過一段時間與搜尋引擎相關的產品，那個時候算是比較早接觸到機器學習和大數據。當時覺得這個領域蠻有潛力的。自己真正動手學是 2017 年，因為當時覺得整個行業發展的速度一下子變快，有很多新技術冒出來，所以去上了 Udacity 的深度學習課程，希望透過寫代碼做出完整計畫的方式深入地了解現在的 AI 是什麼。

作者：Udacity 的深度學習課程我也學過一陣子，有電腦專業背景的我都覺得很難入門，你當時是怎麼學習這門課程並跨過這個門檻的？

OO：深度學習對數學的要求比其他技術課程要高，所以我花了很多精力複習一些數學基礎知識。為了讓自己對數學的興趣濃厚一些，還去閱讀了一些比較有趣的數學科普書，同時找了一些好玩的影片讓自己對數學和深度學習裡的知識有更深入的了解。當數學基礎有所提升，理解深度學習的知識就沒有以前困難了。第二點是程式設計的基礎，我雖然學過 Python，但沒有多少寫代碼的經驗，所以基礎還是很弱。因為這門課程需要寫不少代碼，所以我也在不斷地累積和提升自己的程式設計能力。第三點是 Udacity 在課程設計上降低了很多門檻。它把一些知識點之間的跨度拆得比較細，在兩個大的臺階中間搭了很多小的臺階，讓你在理解某個很難的知識點的時候能夠循序漸進，最後再設計一些題目讓你去練習。

作者：當你學完這門深度學習課程，你覺得深度學習對你的設計思維有什麼改變嗎？

OO：我覺得學習技術對設計是有幫助的，從幾個方面來看。第一個是思維。程式設計思維可以幫助非理工科背景的設計師了解什麼是抽象、複用、結構化和參數化，這些都是程式設計的思考方式。例如設計師要搭建元件庫或者整理設計規範的時

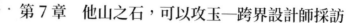

候，要考慮怎麼把最開始看起來很雜亂的元素抽取出來形成多種模式，這些思維就非常重要了。第二個是原理。如果你知道深度學習的一些原理，它到底能實現什麼，不能實現什麼，它的能力範圍到底在哪裡，當你以後用到深度學習，就大概知道你要做的設計界限在哪。例如，這門課程最後的計畫是基於一個人臉圖像庫，用 GAN（生成對抗網路）來自動生成人臉。這個看起來應用的範圍蠻廣的，但真正做過一遍以後，你可能會有更多的考慮。例如資料庫從哪裡來？是有現成的資料庫還是手動獲取一批？如果你手動獲取的資料庫樣本量很少，基本不用想自動生成人臉這事了；即便資料量很大，當你發現最終結果人臉是歪的，你就會知道這套技術還沒成熟，沒法達到要求，那你可能不會把它用到設計裡。所以，深度學習需要考慮資料庫是否夠多、設定的目標和評分規則是否明確，這些因素都會直接影響設計目標的實現。真正動手學習以後，才會更加清楚深度學習能不能解決設計問題。

　　作者：那你覺得深度學習會不會影響到介面的設計？

　　OO：設計包含的範圍很廣，介面設計也不是只有畫圖的部分。我覺得它的影響沒有那麼直接，更深層的影響可能會是改變使用場景。例如有一些流程，之前需要使用者填寫一些必填資訊才能跳到下一步，但如果透過 AI 技術基於使用者的歷史資料做分析和判斷，整個資訊填寫可能就不需要了，這就會影響

到整個互動流程。如果一些具體的介面包含了各種重複性的工作，或者它的產出物比較類似，這時候你可以用更自動化的方式去實現，而不是每一個操作都需要人工去做。

隨著 AI 的成熟，一些流程操作可能會有新的替代做法；如果技術更成熟的話，有可能整個場景和流程都需要去重新設計，這個時候介面有可能會消失。

作者：那你怎麼看待現在的 AI ？現在的 AI 是不是等於深度學習？

00：AI 肯定不只是深度學習。AI 一直以來都在發展，例如最早的垃圾郵件過濾、個性化推薦系統、微信語音轉文字等，都屬於很典型的 AI 應用。當一個技術成熟並且廣泛應用後，我們就覺得它「不是」AI 了。現在的運算能力越來越強，透過運算自動生成的東西越來越多，例如鹿班自動生成一張 Banner。在技術攻堅和推廣階段，大家會更傾向於認為這是「當前的」AI。我覺得其實本質都是一樣的，AI 就是用運算的方式，自動化解決一些問題或生成最終想要的結果。

作者：現在很多設計師都在擔心自己會被 AI 取代。你怎麼看待這個問題？

00：這個問題我思考也蠻久了。UI 和互動設計近幾年發展得特別快，大家已經把一些基礎知識和相關經驗總結得很好了，可複用的元件和模組越來越多，所以以後設計師都不需要

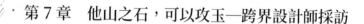

「從零開始」，工作看起來是變少了。但我認為這也是好的一面。你需要更深入地看待設計本身，到底哪些部分需要由人來解決和設計。對於真正的設計難題，我認為機器很難替代設計師，因為這些設計難題都是由於設計對象關係之間的複雜性，以及人本身的不確定性引起的。例如要去設計一個服務解決方案，我覺得最重要的是如何理清不同利益相關者之間的利益關係。服務設計一般要面對很多不同的角色，他們之間的關係是錯綜複雜的，在設計時不能只考慮某個環節和流程，而需要更多考慮全局和關係的平衡。各種微妙、複雜、不明確的關係，對機器來說是一個很難的問題，這時候就需要人去把握。我覺得「AI 是否能取代設計師」這個問題，能讓設計師更多地去思考到底設計要解決的問題是什麼，然後把機器擅長的事情或者不需要人太多思考的事情交給機器去做。其實這樣也很好，設計師不用天天坐在電腦前面做對齊幾個像素的事情。在學完深度學習課程以後，我了解了現在 AI 的界限在哪，但是它的潛力還很大，人真的不應該再跟機器去比了。

作者：那你覺得現在的 AI 的界限在哪裡？

OO：現在 AI 的局限蠻多的，但是以後會越來越少。只要你能夠給一個明確的目標，這個目標可操作、可量化，可以提供算法和足夠的訓練資料，基本上 AI 都能夠做到。在未來，機器能夠做到的絕大部分事情，人都不會做得比機器好，尤其是那

些可以標準化、量化的事情。畢竟人有各種各樣的生理局限，會死、會累。那這個時候怎麼辦？我覺得最終基本只剩下一條路，就是人要去做自己真正喜歡的事情，即便那個事情機器能夠做得比你好 100 倍，你還是會願意去做。當你一直做這個事情，遲早會發現有一些機器不擅長或者不屑於去做的部分，這時候你做的東西可能會因為個人偏好影響到結果，而這個結果會被其他人感知或者喜歡，這時候你就創造了屬於「人」的價值。最近一段時間我在想，做設計還是需要找到一個領域，結合這個領域去做你喜歡的東西。有了領域這個框架，很多新的發現都會來自於你對那個領域的理解和累積。想要在某個領域真正產生價值，需要沉浸其中，有足夠多的認識和累積才能做到。所以，如果想用 AI 技術達到目的，或是提升產品的價值和效率，你就要在這個領域多去學習、實踐、領悟。這是我最近的感受。

作者：所以你現在尋找的領域是什麼？我記得你在研究 AI 和音樂如何結合。

00：主要是多媒體互動吧。我認為體驗還是會回到實體場景下，雖然它們不一定是「真實的」，但一定會越來越強調「沉浸」。那麼設計就會涉及實體環境和各種感官，所以我想往沉浸式互動這個方向探索更多的設計。聲音和音樂在沉浸式體驗中不可或缺，也是我一直比較感興趣的領域，所以我想探索 AI

和音樂如何更好地結合。當開始深入到一個領域中，你會發現有一些東西是多年都不會變的，即便 AI 來了，它還是不會變的。只有深入理解一些本質，你才可能用新的技術去實現突破，做出好玩的東西。

作者：我覺得不會變的第一應該是藝術，音樂屬於藝術。

OO：其實每個領域都有一些比較底層的東西不會改變，這個需要你對這個領域的理解。

作者：那你對現在研究的 AI 和音樂的結合有什麼心得嗎？

OO：如果用工程的角度去看待音樂，它其實跟數學還有程式設計有密切的關係。如果把聲音還原為一種物理現象，它更多是力學研究的對象，甚至跟電學和光學的原理有不少相通之處。從這個角度出發理解聲音跟音樂之後，你可以嘗試加入一些新的元素，例如借助 AI 做出更多有趣、可以互動的聲樂裝置。我現在還在新手階段，學習基礎知識和相關的工具。工具會在很大程度上局限你想要實現的東西，尤其是在一個全新的領域。

作者：我認為後面的工具使用起來肯定會越來越簡單。

OO：我認為工具的複雜程度，取決於你想解決哪個層面的問題。就好比說你想要彈出十個音符，那你的工具可以特別簡單，用一個 iPad 或者幾個按鍵，發出聲音就可以了。但如果你要從物理的角度控制整個聲音，那工具可能會非常複雜，需要調控的參數會隨著程式的靈活度而成倍增加。

作者：你怎麼看待設計師後面的發展？

OO：一個就是剛才我說的，一定要找到自己真正感興趣的領域。不論那個領域是什麼，現在看起來有沒有前景，但只要是你喜歡的領域，我覺得就應該堅持沉浸進去，去學習、去玩、去做東西。第二個就是，不論是設計還是其他領域都一樣，基本上屬於 T 型人才的問題。你需要去學習跟設計相關和不相關的所有知識，一切都是為了做好 T 字的那一豎，這樣你對設計的理解才會更深。要發現自己真正喜歡的領域是什麼，然後基於那個領域，慢慢地往橫向和縱向深入發展。第三點就是，我現在處於一個目標不太明確的階段，如何找到一個讓你相對長期聚焦的領域，以及能不斷幫你精進某些技能和經驗的實踐專案，這個也蠻重要的。

作者：那你覺得設計師要怎麼才能拓寬自己的視野？

OO：第一點還是剛才說的，基於內在驅動力，基於興趣不停地向外擴展。一旦對某個事物感興趣，你就會不自覺地想要知道更多，會開始比較，想要看到和找到更好的東西。第二點就是，我覺得設計師的審美來自於生活的各個方面。當你其他方面的能力和見識有所拓寬，設計能力和視野也會提升。所以要多去體驗不同的事物，體驗那些以前沒看過、沒玩過、沒做過的事情。還有第三點，過去 2 年我在做心理學相關的計畫，發現對人、事、物的洞察，很大程度上來自於你對人的複雜程

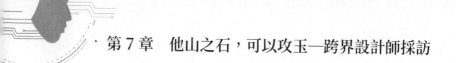

度的理解，以及對自己的覺察跟反思。有時候看待事物或問題，如果沒有結合自己關注的事物或領域一起去理解的話，可能會缺少一條主線。我們對很多知識和事物的看法就有點像一棵樹，它們最終會還原到某個更加本質的東西，就是這棵樹的主幹，例如你對自己本性的理解，或者是你在這個世界上一直堅持的立場和態度。如果沒有這個立場，你可能就沒有屬於自己的原則、觀點和偏好。如果沒有自己的價值觀，你可能也沒有辦法把很多東西整合起來，最終把它變成你自己的東西，或者基於它去創造價值。

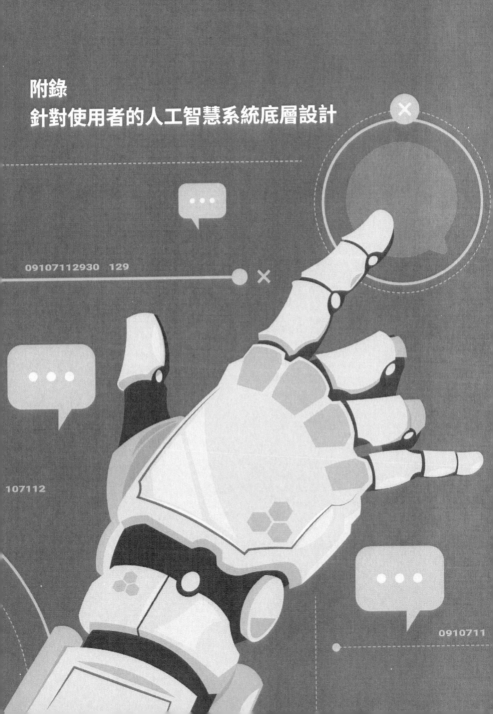

附錄
針對使用者的人工智慧系統底層設計

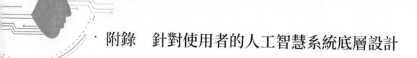

1. 「去中心化」的網際網路

網際網路的前身叫做阿帕網（Advanced Research Projects Agency Network, ARPANET），屬於美國國防部 1960 年代部署的一個中央控制型網路。阿帕網有一個明顯的弱點：如果中央控制系統受到攻擊，整個阿帕網就會癱瘓。為了解決這個問題，美國的保羅·巴蘭（Paul Baran）開發了一套新型通訊系統。該系統的主要特色是如果部分系統被摧毀，整個通訊系統仍能夠保持運行。它的工作原理是這樣的：中央控制系統不再簡單地把資料直接傳送到目的地，而是在網路的不同節點之間傳送；如果其中某個節點損壞，則別的節點能夠馬上代替其運行。阿帕網的相關實踐和研究，催生出現代意義上的網際網路。

網際網路的起源就是為了去中心化，可以使資訊更安全、更高效地傳播。可惜在第一次網際網路泡沫之後，人們開始意識到在網際網路上創造價值的捷徑是搭建中心化服務，收集資訊並將之貨幣化。網際網路上逐漸出現了不同領域的巨頭，它們以中心化的形式影響著億萬使用者，例如社群網路 Facebook、搜尋引擎 Google 等。使用者使用他們的產品進行社交或者搜尋，而作為服務提供商的巨頭們透過掌握和分析使用者資料進而最佳化自己的產品並獲得利益。為了給使用者提供更好的服務，儲存和分析使用者資料本來無可厚非，但這也

引起了一部分對自己的隱私安全敏感的使用者的不滿。但更重要的一點是，如果某個巨頭突然垮了，停止了相關服務，會給使用者的生活帶來極大的困擾。

似乎又回到了 1960 年代，很多老一輩網際網路參與者重新開始討論去中心化的網際網路，他們認為網際網路去中心化的核心概念是服務的運行不再盲目依賴於單一的壟斷企業，服務營運的責任將分散承擔。

提摩西‧柏內茲 - 李（Tim Berners-Lee，萬維網的發明者）提出了自己的見解：「將網路設計成去中心化的，每個人都可以參與進來，擁有自己的域名和網路伺服器，只是目前還沒有實現。目前的個人資料被壟斷了。我們的想法是恢復去中心化網路的創意。」

我們再看看去中心化網路的三個核心優勢：隱私性、資料可遷移性和安全性。

· 隱私性：去中心化對資料隱私性要求很高。資料分布在網路中，端到端加密技術可以保證授權使用者的讀寫權限，資料獲取權限用算法控制。而中心化網路則一般由網路所有者控制，包括消費者描述和廣告定位。

· 資料可遷移性：在去中心化環境下，使用者擁有個人資料，可以選擇共享對象，而且不受服務供應商的限制（如果還存在服務供應商的概念）。這點很重要，如果你想換車，為什

277

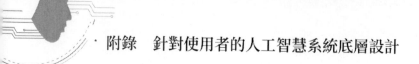

麼不可以遷移自己的個人駕駛紀錄呢？聊天平臺紀錄和醫療紀錄同理。

· 安全性：在中心化環境下，越孤立的優良環境越是吸引破壞者。去中心化環境的本質決定了其安全性可以抵禦黑客攻擊、滲透、資訊盜竊、系統崩潰等漏洞，因為從一開始它的設計就保證了公眾的監督。

近幾年很火的 HBO 劇集《矽谷群瞎傳》（*Silicon Valley*）以「網際網路去中心化」這個理念開始了第四季內容。怪人風險投資家 Russ Hanneman 詢問陷入困境的魔笛手（Pied Piper）創辦人理察·亨德里克斯（Richard Hendricks），如果給予他無限的時間和資源，他想要構建什麼。亨德里克斯回答：「一個全新的網際網路」，他隨後解釋說，「現在每支手機的運算能力都比人類登月時的手機要強大得多，如果你能用所有的幾十億支手機構建一個巨大的網路，使用壓縮算法將一切變得更小更高效，更方便地轉移資料，那麼我們將能構建一個完全去中心化的網際網路，沒有防火牆，沒有過路費，沒有政府監管，沒有監視，資訊將會完全自由。」

在後面的劇情中，魔笛手在互利（Hooli）大會上將 Dan Melcher 的幾千 TB 資料轉移到 25 萬支手機上。其間發生了一系列問題，最後 Dan Melcher 的資料被「神奇」地備份到 3 萬臺智慧冰箱的巨型網路上。

網際網路檔案館 (Internet Archive) 的創辦人 Brewster Kahle 曾表示，網際網路去中心化在實際中很難被執行，仍有很漫長的路要走。雖然《矽谷群瞎傳》只是一部電視劇，裡面有部分技術純屬虛構，但是它也側面證實了一個事實 —— 每一支手機的運算能力和性能除了打電話、聊天、玩遊戲外，還能做到很多事情，例如成為新一代微型伺服器和運算中心。

2. 最合適的私人伺服器

手機成為新一代微型伺服器，這也符合提摩西·柏內茲 - 李「每個人都擁有自己的網路伺服器」的觀點。目前手機的性能和容量已經可以媲美一臺桌上型電腦，更重要的是，為了減少對 CPU 的壓力，手機擁有不同的輔助處理器 (coprocessor)。輔助處理器各司其職，專門為手機提供不同的特色功能，例如 iPhone 從 5s 開始匯集了運動輔助處理器，它能低功耗監測並記錄使用者的運動資料；MotoX 搭載的輔助處理器可以透過辨識你的語音來處理運動資訊，因而在未喚醒狀態下使用 Google now 功能。

手機上各種感測器可以從不同維度監測使用者資料，如果手機成為下一代微型伺服器，那麼它需要承擔儲存使用者資料的責任。同時，鑑於人工智慧助理需要每個使用者海量的資料作為基礎，才能更好地理解使用者並即時提供幫助，成為「千

· 附錄　針對使用者的人工智慧系統底層設計

人千面」的個人助理，所以手機儲存和分析使用者資料是人工
智慧助理的基礎。

　　分析使用者的非結構化資料需要大量的運算，為了降低對
CPU 和電池的壓力，手機需要一塊低功耗、專門分析使用者資
料的輔助處理器。它能夠低功耗地進行深度學習、遷移學習等
機器學習方法，對使用者的海量非結構化資料進行分析、建模
和處理。

　　家庭也需要一個更大容量的伺服器來減少手機的儲存壓
力，例如 24 小時長期工作的冰箱、路由器或者智慧音箱都是能
夠很好地承載資料的容器。使用者手機可以定期將時間較長遠
的資料備份到家裡的伺服器，這樣的方式有以下好處：

- · 降低了手機裡使用者資料的使用空間；
- · 家庭伺服器會 24 小時穩定工作，可以承擔更多、更複雜的
  運算，並將結果反饋給行動端；
- · 使用者手機等設備更換時，可以無縫使用現有功能。

　　Google 在 2015 年已經開始使用自家研發的 TPU，它在
深度學習的運算速度上比當前的 CPU 和 GPU 快 15 ～ 30 倍，
性能功耗比高出約 30 ～ 80 倍。當手機、智慧音箱等設備擁有
與 TPU 類似的協處理器時，個人人工智慧助理會到達新的頂
峰。在 2017 年 9 月，華為發布了全球第一款 AI 行動晶片麒麟
970，其 AI 性能密度大幅優於 CPU 和 GPU。在處理同樣的 AI

應用任務時，相較於四個 Cortex-A73 核心，麒麟 970 的新異構運算架構擁有大約 50 倍能效和 25 倍性能優勢，這意味未來在手機上處理 AI 任務不再是難事。更厲害的是，iPhone X 的 A11 仿生晶片擁有神經引擎，每秒運算次數最高可達 6,000 億次。它是專為機器學習而開發的硬體，不僅能執行神經網路所需的高速運算，而且具有傑出的效能。

3. 資料的進一步利用

人工智慧的發展依賴於大數據、高性能的運算能力和實現框架，資料是人工智慧的基礎。在過去 30 年裡，人類資料經歷了兩個階段 —— 孤島階段和集體階段。

1. 孤島階段。在沒有網際網路時期及網際網路前期，人類使用電腦基本處於單機狀態，資料也只能儲存在電腦本地。由於電腦性能較差，產品較為簡單以及技術的不成熟，人類在電腦上產生的資料價值不大。

2. 集體階段。在網際網路中後期，電腦行業開始往網際網路發展並衍生出更多領域，例如網上社交、搜尋等，影片、音樂等娛樂行業也開始網際網路化；到了行動網路時代，巨頭們結合傳統行業產生出更多的玩法。人類每天的活動逐漸創造出龐大的資料。

由於資料的龐大以及技術有限，個人沒有能力對自己的資料進行儲存和分析，個人資料對個人來講仍然價值不大，但對於巨頭來說就不一樣了。巨頭們有的是資金和技術，即使個人資料擁有太多特徵，但放在一起成為群體資料時，巨頭們就可以透過資料清洗、建模等方法分析出相關群體的普遍特徵，得出相關的使用者畫像，更了解自己的使用者是誰，因而設計出更有針對性的功能和服務，探索出新的使用者需求和衍生出新的產品。

隨著近幾年技術的成熟，巨頭們可以做到一些相對簡單的個人推薦。如亞馬遜，它可以根據你的購買紀錄推薦相關商品，這也是透過分析大量的使用者購買資料實現的。

由於伺服器普遍昂貴以及普通使用者缺乏對資料處理的能力，而巨頭們有能力使使用者資料發揮更大價值，所以使用者資料一直「默許」被 Google、Facebook、蘋果、騰訊、阿里、百度等巨頭收集著，這是可以理解的。每個使用者一天產生的資料包括了社交、健康、購物、地理資訊等，但是巨頭們的壟斷和相互競爭，導致使用者資料被各巨頭分割和收集使用，再加上巨頭們寧願生產更多的產品進行競爭也不願意使使用者資料互通，導致使用者資料發揮不出更大的價值。這也是人工智慧發展道路上的一大障礙。

3. 互通階段。若要使人工智慧得到更快發展,需要分析和了解更多的完整資料;加上網際網路去中心化的理念,應用廠商把資料「還給」使用者將會是下一個趨勢。把資料「還給」使用者的意思不是指應用廠商不應該擁有資料,而是強調將資料共享出去,因而獲得更多有用的資料。

但讓各個應用廠商共享資料,不符合競爭的現實。這時候使用者需要一個資料倉儲,它能儲存和整理不同應用廠商的資料,而人工智慧可以利用資料進行自我優化和分析出該名使用者的特徵。

例如我們手機裡的淘寶和京東,使用者使用它們時的動機和場景不一樣,所以它們所得的使用者畫像僅是該名使用者的一部分,不能完全代表該名使用者。如果淘寶和京東將各自的資料保存到個人資料倉儲,人工智慧將資料整理完後再為淘寶和京東輸出已授權的完整使用者畫像,那麼淘寶和京東就可以為該名使用者提供更多的個性化服務,創造更多收益。這也實現了應用廠商為人工智慧提供資料,人工智慧反哺應用廠商的良性循環。

4. 人工智慧資料倉儲設計

2015 年堪稱「智慧家居元年」，但最後還是漸漸沉寂了。簡單了解的話，智慧家居的重點是「智慧」，而人工智慧沒有發展起來，智慧家居如何「智慧」？

現在大部分智慧家居電器就像一個孤島，只能透過手機裡的不同 App 操控，相互之間沒有任何聯動，根本展現不出智慧家居的概念，直至小米打破了現有狀況。

小米透過 MIUI、路由器和小米生態鏈布局智慧家居生態，前期透過路由器掌控聯網大權，透過小米電視占據家庭娛樂中心，運用 Wi-Fi 插座使基礎家電智慧化，各種感測器使建築智慧化；中期透過與科技企業如美的的合作，推出小米生態鏈的各種產品如掃地機器人、空氣淨化器、電子鍋等，由小米控制的智慧家居不斷滲透到使用者家裡；而 2017 年 7 月推出的 299 元的小米 AI 音箱使小米智慧家居達到一個新的高潮，控制智慧家居變得更為簡單，使用者可以透過 AI 音箱對各產品下達指令和操控。至今為止，在國內智慧家居布局最出色的是小米。

儘管如此，目前小米的智慧家居布局仍處於初級階段，只是把不同電器互聯化並連接一個終端。家居的智慧不只是簡簡單單地透過命令操作就行，更多在於智慧家居之間的聯動以及更懂主人，靠的是對使用者資料的累積、理解和分享；但這也帶來一些隱私問題，使用者擔心如果產品和人工智慧接觸到更

多資料,自己的生活會像被 24 小時監控著。人工智慧將會是科學與倫理博弈中最激烈的一環,所以如何實現底層的資料倉儲 (data warehouse) 是關鍵。

　　未來的人工智慧和資料倉儲應該是一個平臺,就像現在的操作系統 Windows、iOS 和 Android,但資料倉儲不應該被巨頭們和政府掌控,因為它比現在的操作系統能儲存更多使用者的隱私資料,所以資料倉儲需要定製更多的隱私規則防止使用者資料洩露,同時也需要定製開放協議實現多元創新,避免被巨頭壟斷。

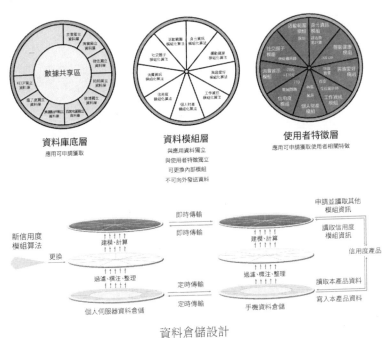

資料倉儲設計

該倉儲具有以下特性和功能：

- 資料倉儲擁有該名使用者的完整特徵和資料，它可以代表該使用者。
- 資料倉儲最少包含身分資訊、健康資料、興趣愛好、工作資訊、財產資料、信用度、消費資訊、社交圈子、活動範圍 9 個模組。每個模組相互獨立，不耦合。
- 資料倉儲包括使用者特徵、產品私有資料和共享資料。使用者特徵只有輸出行為；私有資料只有輸入行為；共享資料具有輸入和輸出行為。
- 模組間可以交換資料，模組具有規定的輸入和輸出接口格式。
- 每個模組內的機器學習算法可自行升級或替換成其他廠商提供的算法。
- 每個模組具有封閉性，算法不能向外發送使用者資料。
- 每個模組擁有必選和非必選的固定資料欄位。
- 產品可以向不同模組輸入私有和共享資料。
- 產品提供的資料必須符合該模組的必選資料欄位，可以額外提供非必選資料欄位。
- 由模組內部的算法對該模組的共享、私有資料進行標註和建模，產出相關使用者特徵。
- 算法可以申請授權獲取其他模組共享資料和使用者特徵。

- 在授權範圍內，產品可以獲取相關模組的使用者特徵和共享資料部分，無法訪問私有資料。
- 資料倉儲定期將資料加密備份至個人伺服器。
- 資料倉儲定期清理過期資料。
- 資料倉儲容量不足時自動提醒使用者備份資料並清理空間。
- 資料倉儲自動加密使用者資料，防止洩露。

不同廠商的資料倉儲產品應該遵循以下協議：

- 不同資料倉儲相同模組的必選資料欄位需要一致。
- 資料倉儲內部算法和資料倉應相互獨立。
- 資料倉儲可以沿用以往資料和使用者特徵。
- 資料倉儲之間傳輸資料需要加密。
- 不允許設置後門。

資料倉儲制定協議的好處：

- 企業可以根據規範制定資料倉儲，降低被巨頭控制的風險。
- 資料倉儲內不同模組的機器學習算法可以由不同企業制定和替換。
- 不同企業資料倉儲之間的資料遷移和升級更加便捷。
- 該使用者名下的資料倉儲進行資料同步時是加密的，降低隱私曝光的風險。

附錄 針對使用者的人工智慧系統底層設計

人工智慧需要考慮運算性能、電量、發熱量、資料採集和人機互動等問題。在行動端，手機依然是人工智慧助理的最好載體，可穿戴式設備更多成為輔助。在家或辦公室裡，最好的人工智慧助手載體應該一分為二，一是可與使用者對話互動的電器，例如現在流行的智慧音箱，還有具有大螢幕展示的電視，甚至是 24 小時供電的路由器；另外一個是具有天生優勢的冰箱──它也是 24 小時供電，其自動降溫能力也能更好地解決複雜運算時所產生的熱量問題，其龐大體積則可以容納更多儲存資料的硬碟和電腦部件。

可以預測，冰箱將成為個人人工智慧的運算中心，就像一臺伺服器；而手機和智慧音箱等將成為與使用者打交道的人工智慧助理。當運算中心處理完資料後，將結果同步至相關人工智慧助理，資料倉儲將成為連接它們的橋梁。只有完善了底層的資料共享，人工智慧才能發揮出最大價值。

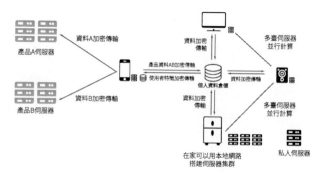

「去中心化」的個人網路設計

電子書購買

國家圖書館出版品預行編目資料

AI 時代，設計力的剩餘價值：對象 × 流程 ×
應用 × 能力塑造，人工智慧浪潮下的設計師生
存攻略 / 薛志榮著 . -- 第一版 . -- 臺北市：崧燁
文化事業有限公司 , 2022.10
　　面；　公分
POD 版
ISBN 978-626-332-739-9(平裝)
1.CST: 人工智慧 2.CST: 電腦程式設計
312.83　　111014083

AI 時代，設計力的剩餘價值：對象 × 流程 × 應用 × 能力塑造，人工智慧浪潮下的設計師生存攻略

臉書

作　　者：薛志榮
發 行 人：黃振庭
出 版 者：崧燁文化事業有限公司
發 行 者：崧燁文化事業有限公司
E - m a i l：sonbookservice@gmail.com
粉 絲 頁：https://www.facebook.com/sonbookss/
網　　址：https://sonbook.net/
地　　址：台北市中正區重慶南路一段六十一號八樓 815 室
Rm. 815, 8F., No.61, Sec. 1, Chongqing S. Rd., Zhongzheng Dist., Taipei City 100,
Taiwan
電　　話：(02) 2370-3310　　　傳　　真：(02) 2388-1990
印　　刷：京峯彩色印刷有限公司（京峰數位）
律師顧問：廣華律師事務所 張珮琦律師

定　　價：399 元
發行日期：2022 年 10 月第一版
◎本書以 POD 印製